小學生未來志願系列

我10歲，學創業

文 史帝夫·馬丁 Steve Martin
圖 梅西·羅伯森 Maisie Robertson 譯 聞翊均

Entrepreneur Academy

目錄 CONTENTS

創意技能

商業技能

管理技能

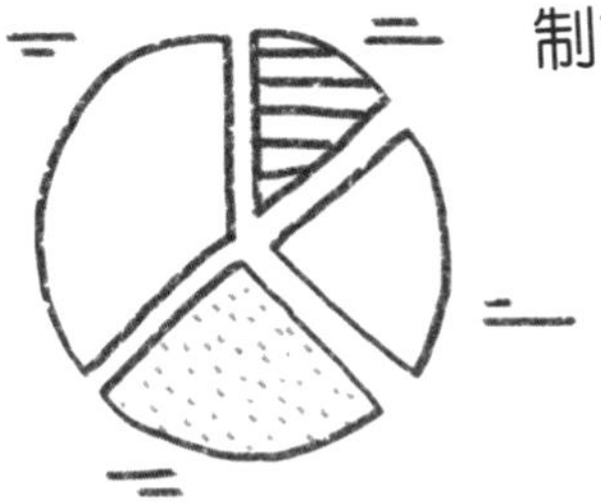

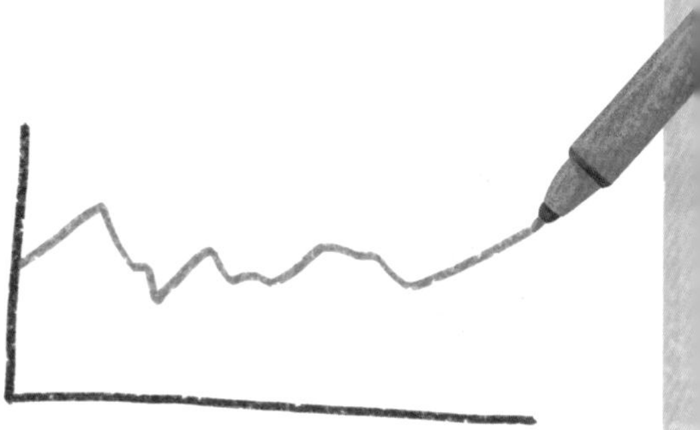

創業家的市場體驗

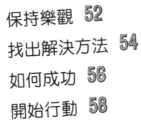

歡迎來到 創業家學院！

恭喜你——你已經進入創業家學院了。你做了很明智的決定。

創業家是一群才華洋溢的人：他們是發明家、設計師、雇主、管理者、商人等各式各樣的人。

創業家創造出許多我們正在使用的產品與服務。你可以問問你的父母，有哪些你現在擁有與使用的東西，是他們年輕的時候並不存在的。他們可能會列出很長的一串清單，其中或許包括筆記型電腦、平板電視機和智慧型手機。

創業家發明更好且更新的新產品與服務。這些產品與服務可改善我們的生活，並且為企業擁有者、他們的商店、他們的員工及其他人創造收入和賺錢。

在你完成本書的各種任務時，你將會學習到：

- 如何提出絕佳構想
- 如何打造新產品
- 如何創造利潤
- 如何成為傑出的管理者
- 如何打造出人們想要與需要的事物

你的第一項任務，就是詳細填寫這張創業家實習生資料卡。

在你完成這些課程的過程中，你將會獲得貼紙，並學會創業技能、商業技能與管理技能。

最棒的是，你將會以有趣的方式，學習如何成為一個讓人讚嘆不已的創業家！

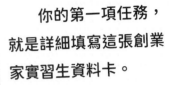

新構想

創業家會提出新的商業構想、能夠販售的新事物或能夠幫助人們的新方法。一開始，你可能會覺得提出新構想十分困難。不過，只要經過練習，你就會發現這件事比你想像的更簡單！

有一個找到新構想的好方法，那就是去思考你想要擁有什麼。首先，思考一下你所做的所有事情，無論是因為好玩而做，或是因為必須做而做。接著，思考一下有哪些方法可以讓這些事情變得更好。例如：

- 把學校變得更有趣
- 為衣服或首飾設計更酷炫的新風格
- 為兒童派對提出新主題
- 更刺激的電腦遊戲
- 更好的玩具收納方法
- 用有趣的通勤方式抵達學校

有些絕佳的構想可以幫助人們解決問題，或者處理他們不喜歡做的事。替人拆開聖誕節禮物包裝的業務或緊急房間清潔服務，這些點子聽起來如何呢？

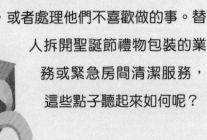

新的主題樂園

你能不能用你最喜歡的電影當做主題，提出新主題樂園的構想呢？舉例來說，一座超級英雄主題樂園，裡面的員工都要打扮成超級英雄，遊樂設施也以會飛的超級英雄命名，而且這些設施都設計得超級快速又超級瘋狂！

在下方的空白處寫下你的構想。

我最喜歡的電影是：

我的主題樂園叫做：

主題樂園裡面的三個遊樂設施：

餐廳名稱：（例：如果你最喜歡的電影是《綠野仙蹤》，餐廳可以取名「黃磚路咖啡廳」）

其中一份餐點的名稱：（例：「超級漢堡」）

寫出禮品店販賣的三個商品：

列出三種員工裝扮：

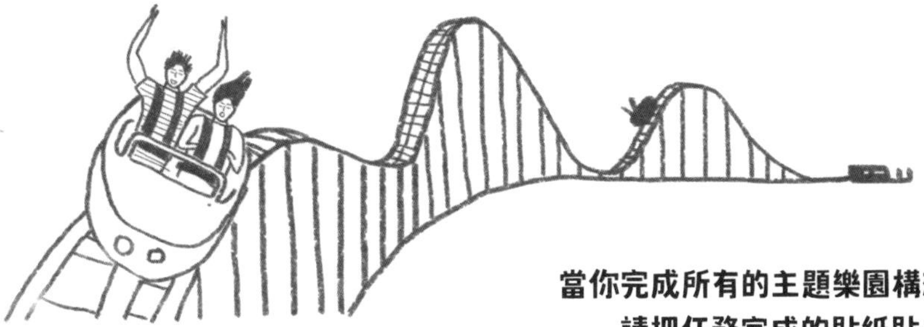

貼紙位置

當你完成所有的主題樂園構想之後，
請把任務完成的貼紙貼在這裡。

任務完成

創意技能

更好的構想

創業家不是只會為了製作和販售東西，才去想出全新的構想。他們也會仔細檢視已經存在的事物，並且想出可以讓這些事物變得更好的方法。

舉例來說，人類從好幾千年以前就已經在使用輪子了，但一直等到19世紀，才有人提出「充氣輪胎」這個構想。

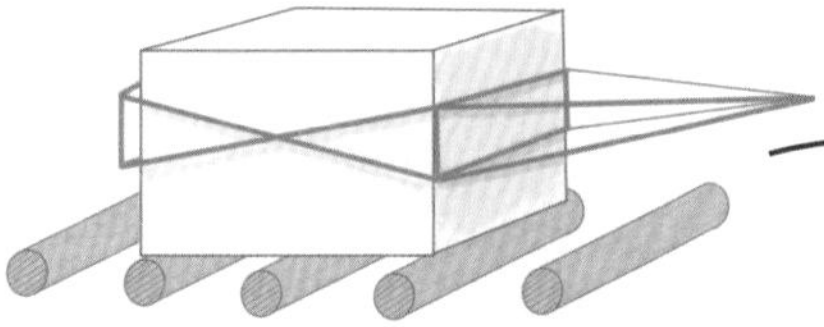

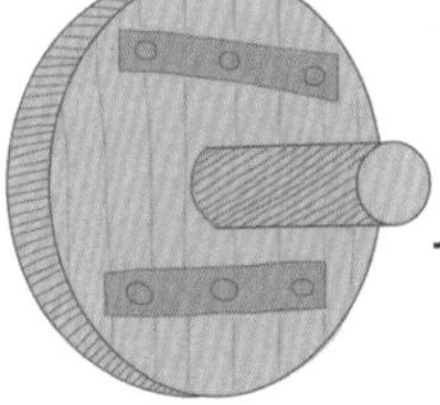

一開始，人類把沉重的物品放在滾動的木頭上移動。這個構想後來發展成另一個發明：用輪軸連接起兩個木頭輪子。

後來，輪輻取代實心木頭。這項改良使輪子變得更輕也更快。

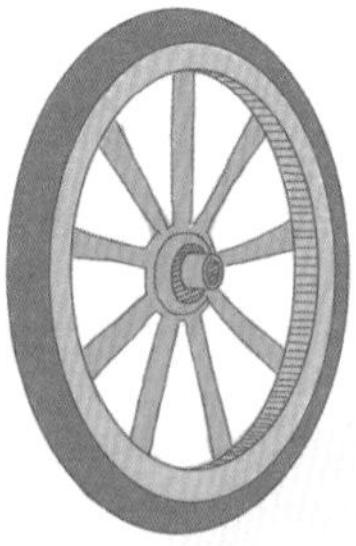

接著，輪子又加上金屬輪框，保護輪子在崎嶇不平的路面不會損壞。

如今的輪子是充氣的橡膠輪胎，這項技術使駕駛變得更平順。

創業家總是在思考要如何用各種方法改善這個世界。下一次，如果你遇到不喜歡的事物或者令你失望的狀況，你也可以試著思考，要怎麼做才能讓它變得更好。

改良三個美好的體驗

你將如何把冰淇淋、腳踏車和海邊變得更好呢？每個項目在下面都提供了三種建議。你的任務是為它們排序，在最好的構想前面寫上「1」，次佳的構想前面寫上「2」，最差的構想寫上「3」。

A、哪一種口味可以做出最棒的新款冰淇淋？

巧克力香蕉

花生

鹽味藍莓

把1、2和3寫
在圓圈裡。

B、哪些功能可以讓騎腳踏車更安全呢？

安全氣囊

在座墊上裝置閃光燈

具防護功能的腳踏車服

C、哪一項發明能使海灘變得更有趣？

把相機和潛水鏡結合在一起，讓你能在水底拍照。

海灘吸塵器，讓你能在離開海灘時把沙子清理乾淨。

兒童尺寸的快艇

試著再進一步！
想想其他能改良的事物，
並和朋友一起討論各種構想。

貼紙位置

為三個構想排列好順序後，
請把任務完成的貼紙貼在這裡。

任務完成

創意技能

設計構想

創業家可以運用設計技能，為每天都會使用的東西，例如衣服或首飾等，創造出每個人都想要的新「外觀」。

我們穿的牛仔褲、裙子、連身褲和短袖上衣等服裝，都已經存在很久了。但時尚設計師仍然可以**改變**這些衣服的外型、顏色和花樣，持續創造出人們想要購買的流行風格。

對其他產品來說，良好的**設計**也是非常重要的，例如手錶、網站、海報、汽車、家具、手機、首飾、食品包裝等。

T恤設計

T恤是普通平凡的日常用品……但經過設計師的設計之後，它就變得不一樣了！請使用你的彩色筆，將這件白色上衣變成你會喜歡穿的衣服。你可以放上任何喜歡的事物——瘋狂的圖案、在電視上看過的設計、你的寵物或是你喜歡的運動。

貼紙位置

完成你的T恤設計後，
請把任務完成的貼紙貼在這裡。

任務完成

更進一步！
使用布料彩繪筆把你的設計，畫在一件白色T恤上。

創意技能

對的地點，對的時間

創業家想要創造一個事業時，可以找出在某個地方已經運作良好的構想，然後再把它引進到其他地方。

不過，想要這麼做之前，創業家必須先確認這個構想會在新地區受到歡迎。因為能在某一個地區成功的事業，不一定也會在其他地區成功。例如販賣雨衣的商店在時常下雨的倫敦可能會有很多客人，但在陽光普照的國家可能就不會有那麼多客人！

舊物報紙

金庫倫超市是史上第一間超市。這間超市在1930年於紐約開幕。這個絕佳的構想迅速擴散到全球各地。

聖誕老人樂園是史上第一座主題樂園。它在1946年於美國印第安納州，一個叫做聖誕老人的城鎮開幕。提出這個構想的創業家認為，當遊客來到一個名叫「聖誕老人」的小鎮，會期待能夠拜訪聖誕老人！

為社區打造新的生意

你的任務是決定下列這些創業構想中，哪一些在你居住的區域是可行的。提示：回答以下問題能幫助你做出決定。

請在你喜歡的構想旁邊打勾，在你覺得不會成功的構想旁邊打叉。

柳橙果園

氣候是否足夠溫暖，能讓柳橙樹長大呢？

人工滑雪場

附近有適合的山丘嗎？

安全設備遊樂場

這個區域有很多小孩子嗎？

溜狗服務

養狗的人多嗎？

籃球學校

籃球在你住的地方受歡迎嗎？

食物外送

雜貨店距離住家很遠嗎？

紀念品商店

觀光客會造訪你所居住的區域嗎？

腳踏車出租

有安全的地方可以騎腳踏車嗎？

接著請想一想，你在其他地方看過的各種企業之中，有沒有哪一個有機會在你家附近變得受歡迎？這種企業有可能是某種類型的商店、休閒娛樂活動或有用的服務。

我的在地生意構想：

想出能夠引進你家鄉的構想之後，請把任務完成的貼紙貼在這裡。

貼紙位置

任務完成

創意技能

測試構想

創業家想出構想後，下一步就是找出這個構想有沒有潛在的顧客。

以下有幾個方法，可以**測試**你的構想能不能順利運作。

詢問焦點團體

創業家在想出構想之後，可以找一些有機會購買或使用這個產品、服務的人，組成一個焦點團體，進一步和他們討論。創業家會問這個團體的人，他們喜不喜歡這個構想，以及他們認為這個構想還能進行那些改善。

執行銷售測試

如果在創業家提出的構想中，產品能夠放在商店裡販售的話，創業家可能會製作一些樣本，放在一、兩間商店裡販售，測試商品的受歡迎程度。

進行調查

利用問卷調查來瞭解人們對於新產品或新事業構想的意見。如果創業家能仔細設計調查表，就能從許多人身上蒐集到有用的回饋意見。

執行調查

想像老師給你一個可以在學校販賣點心的特許權，但是只能販賣三種點心。請進行調查，找出哪些點心最受歡迎。

你需要準備：五位朋友、一枝原子筆或鉛筆。

請你的朋友從這個清單中挑出他們最喜歡的三種點心。請他們在最喜歡的點心旁邊寫下「1」，第二喜歡的點心寫「2」，第三喜歡的點心寫「3」。

	朋友 A	朋友 B	朋友 C	朋友 D	朋友 E
水果					
披薩					
洋芋片					
三明治					
蛋糕					
爆米花					
餅乾					
優格					
水果點心棒					
果汁					
湯					
熱狗					

根據調查結果，決定哪三個項目可以賣得最好。

我會販賣 ______

______

和 ______

完成調查並決定要販售哪些點心之後，請把任務完成的貼紙貼在這裡。

貼紙位置

任務完成

創意技能

社會公益創業家

社會公益創業家在創立企業時，是為了幫助社會——例如提供住宅給人們，或者提供更好的教育。這些企業的目標通常不是為了賺錢，但是如果這些企業有獲利的話，他們會使用這些錢來改善人們的生活。

有些社會公益企業規模很小，是在地性的，但也有是跨國性的全球企業。請見下方的例子。

- **慈善商店**和一般商店的銷售模式很相似，只不過他們販售捐贈的、或是二手商品。商店把利潤拿來幫助他人、支付醫學研究或其他公益用途。

- **社會住宅組織**建造房屋並用便宜的價格出租。
- **公平交易計畫**確保生產者的產品能夠獲得公平的價格。他們通常都是貧窮國家的農夫。
- **社會公益銀行**把錢借給那些幫助地方社區的企業，藉此支持他們的事業。
- **社會公益超市**以便宜的價格把食物賣給經濟能力較弱勢的族群。
- **回收公司**藉由回收與重複利用各種產品，幫助生態環境的維護。

計畫二手物銷售活動

請想像你正在準備一場二手物銷售活動，販賣你不想要的玩具、遊戲和書籍，為慈善公益籌募資金。請練習你的計畫能力，思考要用什麼順序完成下列任務。

在第一個任務旁邊寫下「1」，第二個任務旁寫「2」，以此類推。

寫完之後，請找一位朋友也試著排列這些任務的順序。完成後請進行比較，你們的順序一樣嗎？

- ⬤ 製作海報，用來宣傳這個銷售活動。
- ⬤ 為銷售決定日期與時間。
- ⬤ 蒐集你已經不想要的舊玩具、書籍和遊戲，也可請朋友和家人捐贈物品。
- ⬤ 詢問老師，你是否可在學校進行販賣。
- ⬤ 決定每樣東西要賣多少錢。
- ⬤ 選擇你要把賺來的錢捐給哪一個慈善團體或公益活動。

更進一步！

現在你已經完成計畫了，何不試試看，你能不能真的舉辦一場舊物銷售活動呢？請和家長或師長一起討論這件事。

做完舊物銷售活動的計畫後，請把任務完成的貼紙貼在這裡。

貼紙位置

任務完成

創意技能

廣告

創業家推出新事業或新產品時，他們要把這件事告訴所有人。想做到這件事的其中一個方法，就是創造出引人注意的廣告。

廣告的目的是為了吸引顧客，所以廣告必須對正確的客群進行訴求。例如，新出版的兒童漫畫廣告必須要吸引小孩；新修車廠的廣告，則是必須鎖定成人。

廣告詞

我們會在廣告裡使用這些文字來**說服**顧客購買商品或服務。

新的	**豪華**	**獨家**
驚人	**品質**	**價值**
最佳	**廉價**	**價格**

創造一則廣告

「超級大起司」是一款全新的美味披薩，適合多人一起分享。請在下方的空白處設計一張顏色豐富的海報來推銷這款披薩。請畫出引人注意的圖案，再從左頁的表格中選擇幾個詞放在廣告中。

更進一步！
你將如何把這個平面廣告變成一個影片廣告呢？

貼紙位置

設計完廣告並幫它上色之後，請把任務完成的貼紙貼在這裡。

任務完成

新趨勢

這個世界每天都在改變，人們想要的事物也會一直改變。成功的創業家一定要跟上新趨勢。

新趨勢流行網

新的發明、商品與流行會以很快的速度來了又走。

以下是一些經常出現的改變。

新的商店或咖啡廳開幕，有些卻關門了。

人們會為了新的玩具、遊戲或遊戲卡而陷入瘋狂。

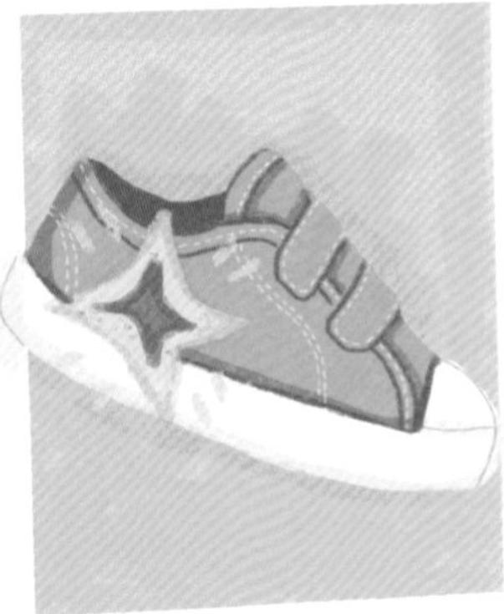

每年都會推出新款式的運動鞋，取代去年受歡迎的款式。

新發明改變了市場。

人們會把手機升級到最新的型號。

趨勢調查

執行調查計畫。把下列問題的答案寫下來，它將顯示出你居住的地方經歷了哪些趨勢變化。

你的父母最近買了哪些新產品？

你的父母有沒有改變他們平常買的品牌？

你的朋友們最喜歡的音樂、電視節目、玩具或遊戲是什麼？

現在最酷的衣服或運動鞋的款式是什麼？

你或你的家人擁有的數位產品（例如電腦或手機），有哪些你們想要換成最新型號呢？

有任何新的休閒類商店開張嗎？像是餐廳或運動中心？

有沒有商店結束營業？你覺得它關閉的原因是什麼？

貼紙位置

完成趨勢調查計畫後，請把任務完成的貼紙貼在這裡。

任務完成

創意技能

建立品牌

創業家需要確保人們會繼續購買他們的產品。他們用「建立品牌」來達到這個目的，讓他們的商品在眾多商品中鶴立雞群，並讓人難以忘記。

獨特的名字能讓所有人都記得你。

打造正確的形象一家強調歡樂的新航空公司，可以取名為「晴空航空」，並設計有彩虹圖樣的飛機。

讓人難忘的廣告企劃特別的廣告角色、標語或音樂，使人們立刻聯想到產品。

創業家資訊

在建立品牌時，我們必須仔細思考如何才能吸引到正確的市場——鎖定會購買商品的顧客。例如，青少年適合比較酷的廣告，兒童適合有趣又令人興奮的廣告。

恭喜你！你已經成為一名……

具有創意技能的
——畢業生——

姓名：

這位實習生已經完成了

創意技能的課程。

創業家學院祝福你的事業成功

祝你好運！

日期：

商業技能

成本

有些創業家經營的企業是靠著販售物品來賺錢。不過，他們也必須花錢。經營事業所發生的支出稱之為**成本**。以下是經營一家商店時，創業家可能需要支付的成本清單。

廣告 招牌、報紙和網路上的廣告。

貨運費用 包含寄送和倉儲管理。

設備 例如櫃檯、收銀機、貨架和攤位。

產品 供應商提供的產品。

裝飾 例如鏡子、地板材料和裝飾品。

公共事務費用 包括電費、瓦斯費、房租和稅金。

薪水 支付給員工的錢。

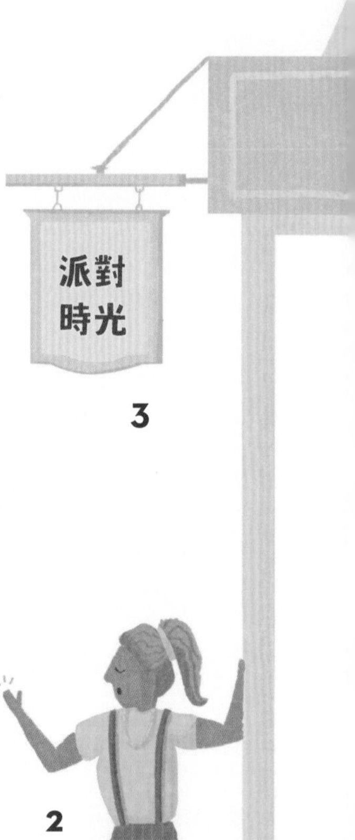

為成本做記號

除了要付錢向供應商訂商品來販賣之外，商店還要花錢做廣告、運送商品、付員工薪水等等。請觀察這張圖片裡面有標記數字的物品，你能不能把這些物品和左頁的成本清單進行配對呢？

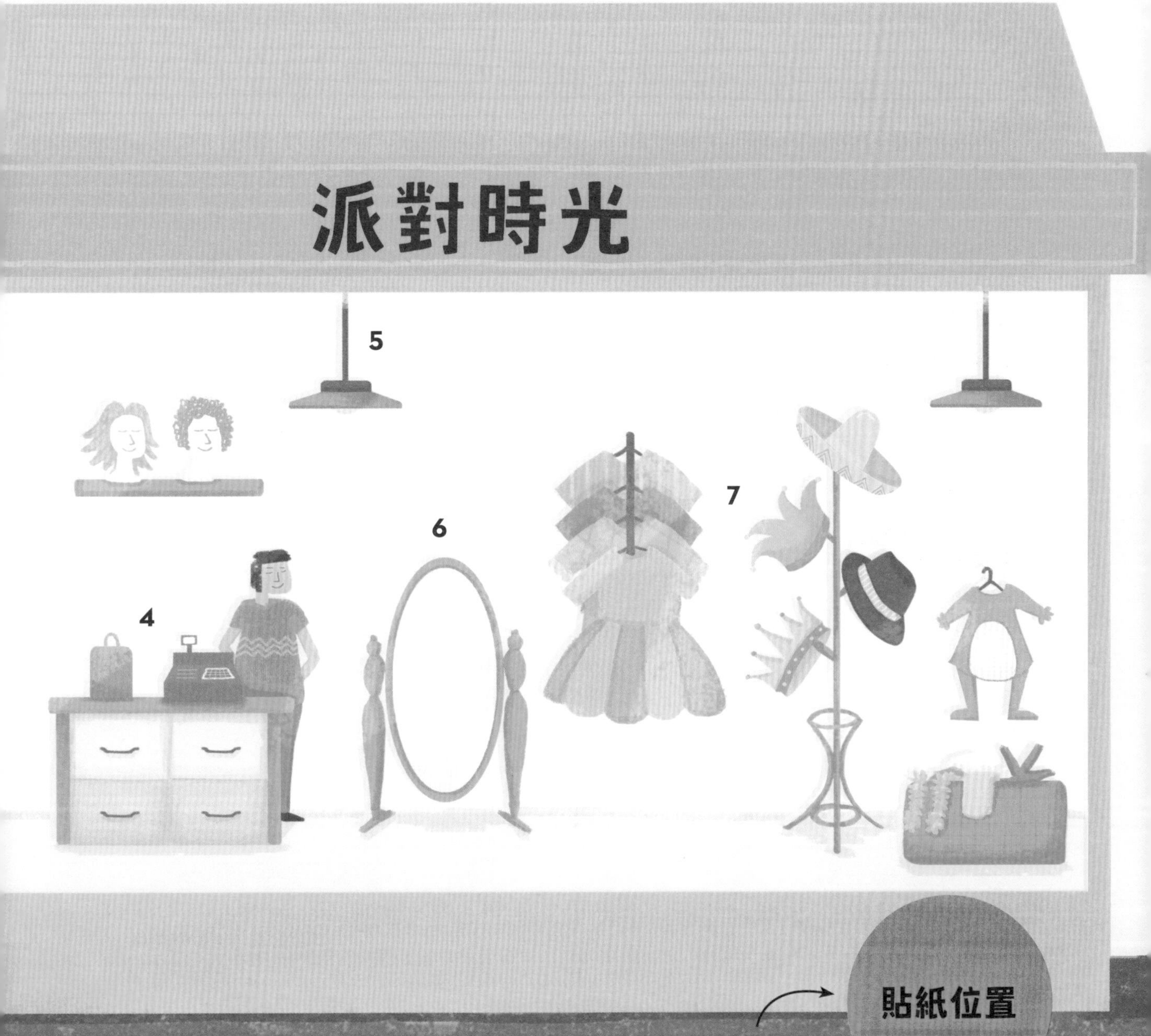

貼紙位置

把成本項目與圖片中的數字配對之後，
請在下方核對你的答案，再把任務完成的貼紙貼在這裡。

答案：1. 貨運費用；2. 薪水；3. 廣告；4. 設備；5. 公共事業費用；6. 裝飾；7. 產品。

任務完成

商業技能

銷售價格

創業家必須知道產品要賣多少錢。如果價格太低，他們就會賠錢。如果價格太高的話，他們也會賠錢，因為太貴的話，可能無法賣出很多的商品。

創業家通常會盡可能地把價格往上，提高到人們願意支付的金額。除此之外，還有其他因素也會影響商品的價格：

商品成本

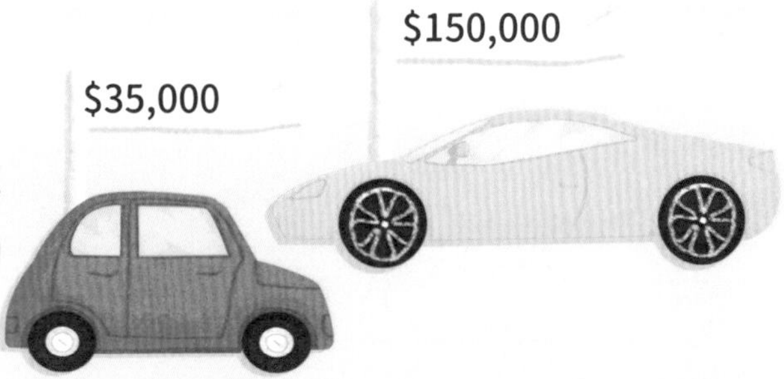

你有沒有想過，為什麼跑車的價格比一般的車子更貴呢？因為製作一輛車速更快、設備更豪華的跑車所需要花費的成本，比一般車子的成本高出許多。

競爭對手

了解競爭對手（其他企業）的價格，也是一件重要的事情。例如，你的巧克力餅乾每包賣四十元，但另一家企業相同的巧克力餅乾每包只賣二十五元，你可能就沒辦法賣出很多巧克力餅乾了！

熱門需求

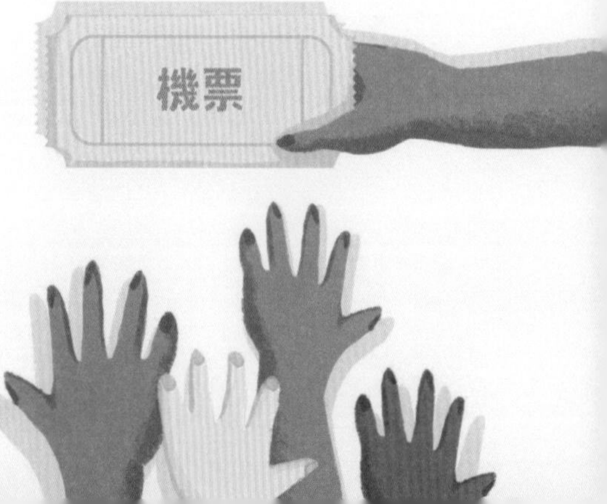

很多受歡迎的商品價格也會比較高，這是因為商品的數量比較少。例如，當越多人購買某個熱門度假勝地的機票時，機票的價格就會上漲，航班的座位也會很快就賣完。

訂價練習

請想像你是下面這個市集攤位的老闆。你的任務是把價格寫在立牌上面。這裡並沒有正確的標準答案——想一想，顧客願意為這個商品付多少錢？以及賣多少錢？你才不會虧本。

把價格寫在這裡。

考慮事項

請在決定價格之前，先問問自己這些問題。

- **尺寸** 客人付的錢能買到多大的商品？
- **品質** 這個商品是用昂貴原料製作的嗎？
- **外表** 商品有額外裝飾，讓它更吸引人嗎？
- **價值** 如果你是顧客，覺得這個花費值得嗎？
- **稀有性** 這個商品是唯一的嗎？需要它的人是很多？還是很少呢？

貼紙位置

決定了商品要賣多少錢，並把價格寫在立牌後，請把任務完成貼紙貼在這裡。

任務完成

商業技能

利潤與虧損

創業家必須為成本花錢，然後透過銷售賺錢。他們的目標是要讓賺到的錢多於支出的錢。這些多出來的錢就叫做**利潤**。

獲得利潤

如果你花了50元錢買了5個玩具，每個玩具各賣20元，那麼你就會獲得利潤。

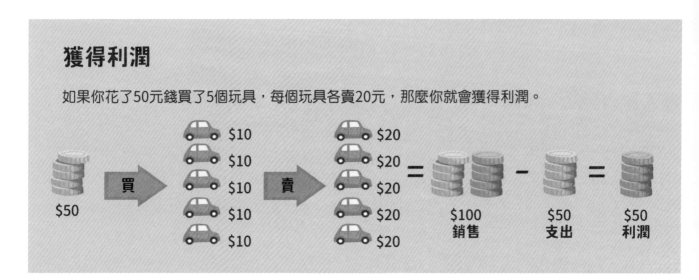

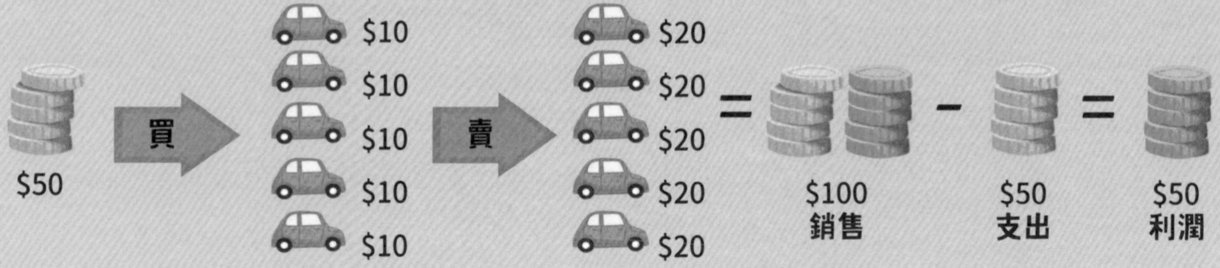

產生虧損

如果你花了50元買了5個玩具，每個玩具各賣4元，那麼你就會產生虧損。

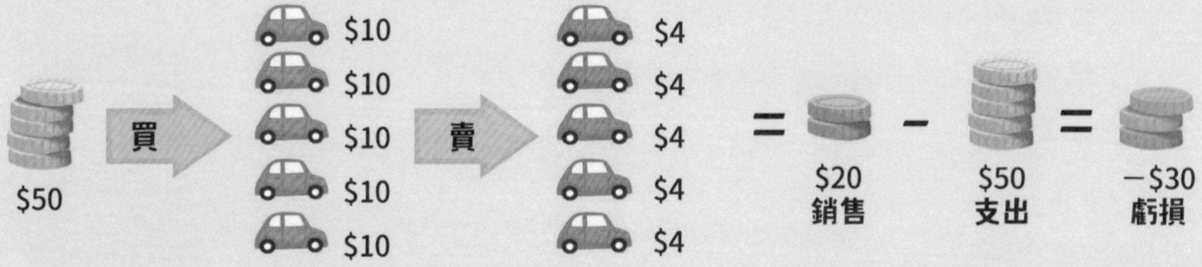

計算利潤與虧損

這兩間商店是獲得利潤還是發生虧損呢？首先，我們要算出總成本和總銷售的金額。接著，用總銷售金額減掉總成本金額。在下列表格的方框中寫下答案，接著圈出這兩項生意是獲利還是虧損。

商店：冰淇淋屋			
成本		銷售	
原料	$6,000	冰淇淋	$12,000
租金	$3,000	飲料	$6,000
帳單	$3,000	總銷售	
薪水	$3,000		
總成本			

總銷售 － 總成本 = ______ 利潤 / 虧損

把直行表格中的數字加起來，就能算出總金額。

用總銷售減掉總成本，再圈起這兩間商店是**獲利**還是**虧損**。

商店：腳踏車快遞			
支出		銷售	
腳踏車	15,000	急速快遞	18,000
薪水	9,000	普通快遞	9,000
帳單	6,000	總銷售	
總成本			

總銷售 － 總支出 = ______ 利潤 / 虧損

計算出兩間商店是獲利還是虧損，請在下方核對你的答案，再把任務完成的貼紙貼在這裡。

貼紙位置

任務完成

答案：冰淇淋屋獲得3000的利潤；腳踏車快遞發生3000的虧損。

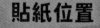

商業技能

收支平衡

企業每天都會花錢和賺錢。對創業家來說，記錄花掉的錢（支出）和賺到的錢（收入），是很重要的事情，如此一來才能維持財務健全。

以下面的游泳社為例，請研究他們的帳目。請特別留意，在游泳社有支出的時候，餘額會減少，有收入的時候，餘額會增加。

初期餘額

這個數字代表在一開始創業的時候，你擁有多少的錢。

日期	項目	收入	支出	餘額
五月一日	初期餘額			**$15,000**
五月二日	租泳池		$3,000	$12,000
五月三日	游泳者繳費	$9,000		$21,000
五月四日	員工薪水		$3,000	$18,000
五月五日	販賣泳裝	$1,500		**$19,500**

最後的餘額是19,500

這個金額比初期餘額還要多出了4,500

記錄開銷與收入，除了能讓你追蹤支出和收入的狀況外，還能讓你知道要在哪一方面省錢，或者如何賺更多錢。

完成帳目

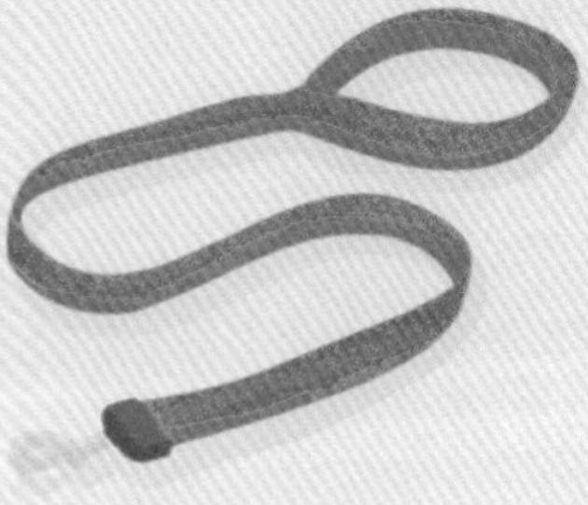

你的任務是算出這項溜狗生意的每日餘額。在計算時，請從每個橫列的左側檢查到右側，將前一天的餘額加上賺到的收入金額，同時把花掉的支出金額從餘額中減掉。

日期	項目	賺錢	花錢	餘額
周一	初期餘額			$24,000
周二	修理廂型車		$6,000	
周三	客人收費	$18,000		
周四	員工薪水		$15,000	
周五	狗狗訓練課程	$6,000		
周六	廣告		$3,000	

請在空白的格子裡寫下每天的餘額。

你能想出其他有用的服務，為這項溜狗生意增加更多收入嗎？

請寫下你的構想：

貼紙位置

完成表格中的每日餘額，並在下方核對答案，
再把任務完成貼紙貼在這裡。

答案：周二：18,000：周三：36,000：周四：21,000：週五：27,000：週六：24,000。

任務完成

商業技能

如何領先同業

如果全世界只有一間公司製造汽車的話，這間公司一定會賺進非常多的利潤。因為想買車的人只能找這間公司，而且這間公司想把車子賣多少錢都可以。

幸好，這件事並沒有發生。真實狀況是，為了吸引到顧客，企業會彼此競爭。他們會提供品質優良的產品和服務，並設定具有競爭力的價格。

請觀察下面的兩間檸檬汁攤位。我們很容易就能看出來，哪一個攤位可以吸引到比較多的客人。

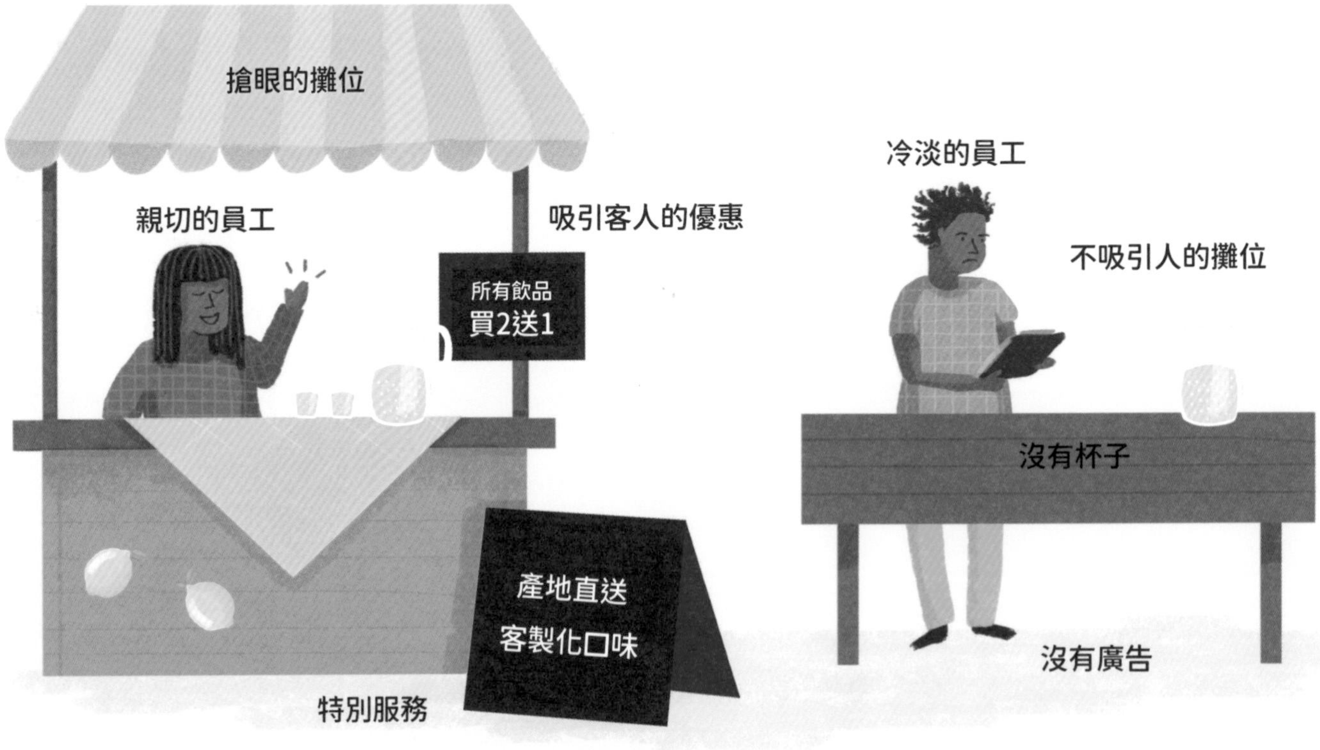

櫥窗展示

許多商店都會設計引人注目的櫥窗，展示商品來吸引顧客，這麼做可以讓商店在眾多競爭中獨樹一格。你的任務是為這間新糖果店設計展示櫥窗。

請在這裡寫下商店名稱。

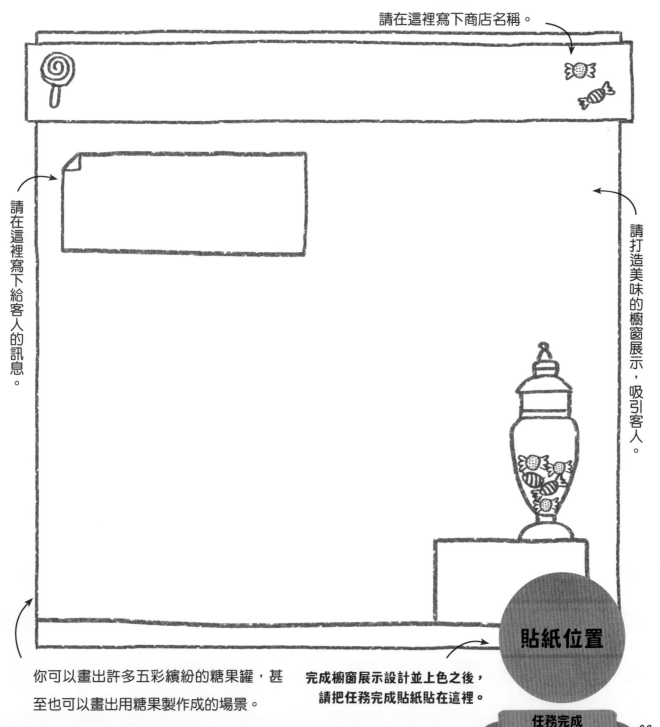

請在這裡寫下給客人的訊息。

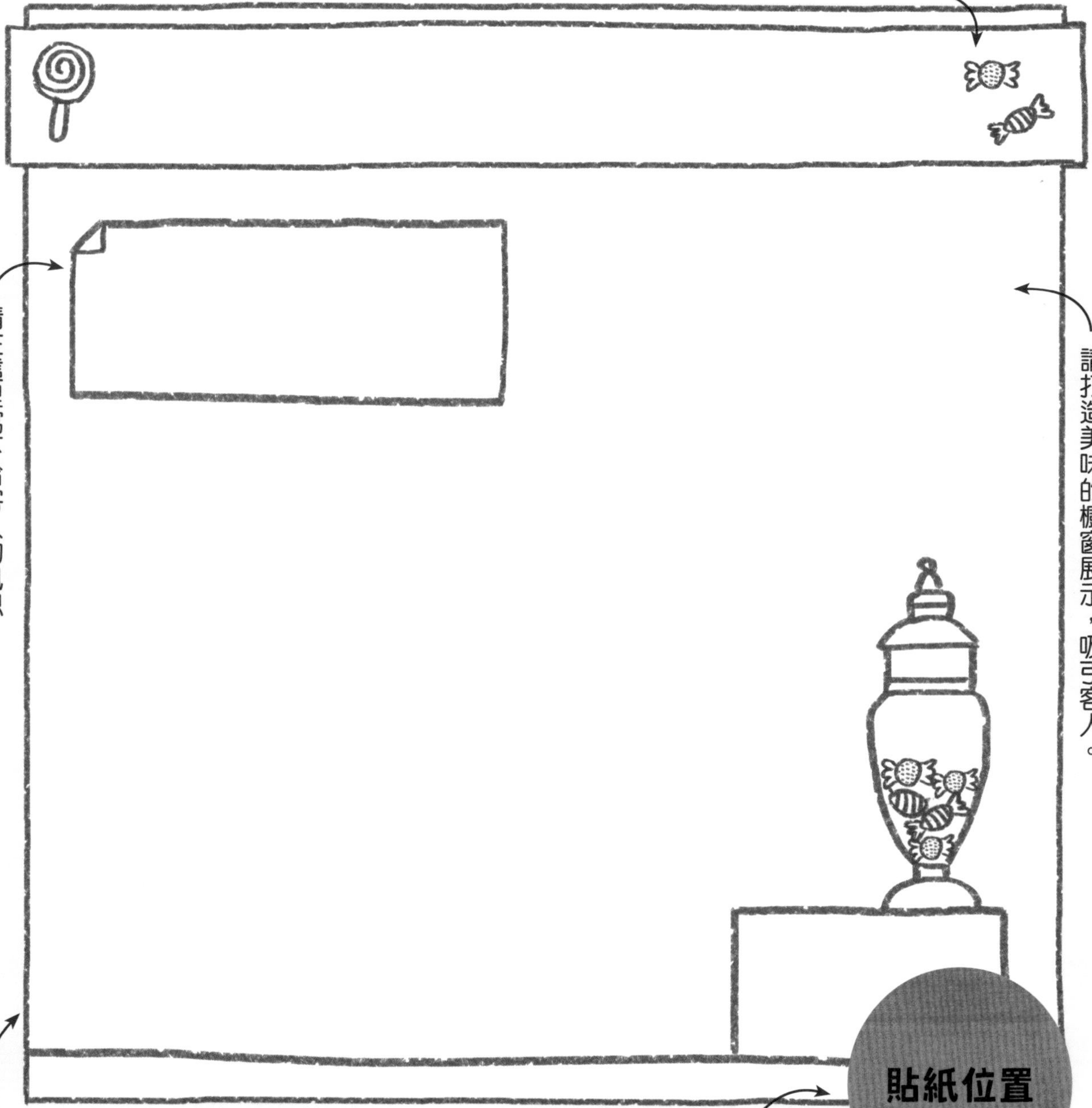

請打造美味的櫥窗展示，吸引客人。

你可以畫出許多五彩繽紛的糖果罐，甚至也可以畫出用糖果製作成的場景。

完成櫥窗展示設計並上色之後，請把任務完成貼紙貼在這裡。

貼紙位置

任務完成

商業技能

顧客服務

企業一定要有顧客才能存活。創業家必須重視他們的顧客，並尊重他們——即使有時發生了不合理的狀況。

關心顧客是一項非常重要的技巧。請閱讀這些**該做**與**不該做**的事。

角色扮演

有時候，客人可能會感到生氣、疑惑和沮喪。請找一位朋友模擬下面的角色扮演，練習應對客人的服務技巧。

請先決定誰要當客人，誰要當創業家。在開始模擬這些情境之前，請先仔細閱讀角色扮演的描述。

客人的角色

- 你在主題遊樂園度過了糟糕的一天，覺得很沮喪。
- 有一半的遊樂設施都關閉了，剩下的遊樂設施都要排很長的隊伍。
- 對於你家6歲的小弟弟來說，大部分的遊樂設施都太刺激危險了。

顧客的角色

- 傾聽客人抱怨，不要打斷對方。
- 向客人道歉，告訴他們有些遊樂設施目前會關閉，是基於安全考量所以進行關閉。
- 解釋說明某些遊樂設施要排隊很久，是因為有些遊樂設施關閉了。
- 語氣禮貌的說明，這些遊樂設施有明確的公告必須10歲及10歲以上者才能搭乘。另外，也可免費贈送顧客餐飲或商品的優惠券。

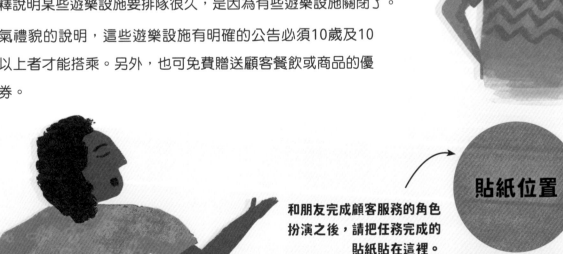

和朋友完成顧客服務的角色扮演之後，請把任務完成的貼紙貼在這裡。

貼紙位置

任務完成

商業技能

進行簡報

創業家在想出新的服務或產品時，可能會需要獲得較大企業的支持，來幫助他們執行新的想法。若要達到目的，創業家就要懂得如何做商業簡報。

在簡報的過程中，創業家可能只有短短幾分鐘能介紹產品。為了讓簡報給人深刻印象，許多創業家會採用**四P原則**。

準備（Prepare）

計畫你要說的話與做的事。

練習（Practice）

事先排練你要如何簡報。

道具（Props）

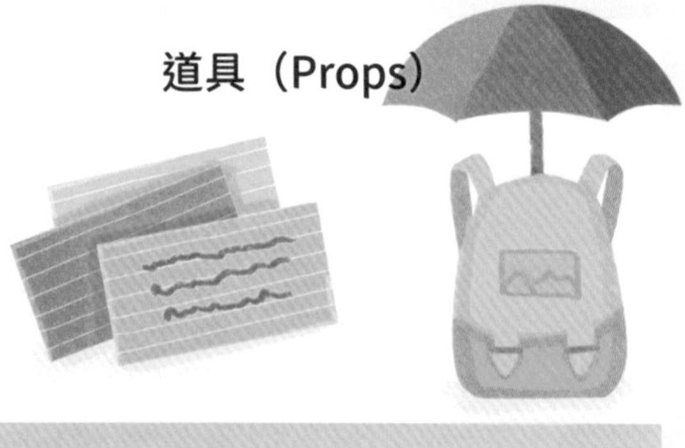

在字卡寫下關鍵字、製作海報
或者帶一個產品樣本。

演說（Presentation）

打扮俐落、微笑、眼神接觸，
並保持自信！

規劃一場簡報

　　請在下方的空白處規劃一個簡短有力的簡報，說服聽眾願意嘗試某個你喜愛的事物。你可以選擇最喜歡的書、電影、食物、遊戲或玩具作為「產品」來進行簡報。

1. 決定你的產品並寫下名字：

2. 用3個關鍵字描述這個產品：

   1.
   2.
   3.

3. 提出2個理由，說明為什麼這個產品比其他競爭者的東西更好：

   1.
   2.

4. 選擇3個道具來協助你進行簡報。

   1.
   2.
   3.

找一個空房間，大聲練習這份簡報！

再進一步！
可以展開真正的簡報了！
請試著向朋友、家人或同學
介紹你最喜歡的產品。

完成簡報計畫後，
請把任務完成的貼紙貼在這裡。

貼紙位置

任務完成

商業技能

溝通協商

創業家在銷售產品或服務時，如果要獲得想要的價格，他們必須擅長協商——與他人對話，並達成每個人都感到開心的協議。

你也許不太了解要如何進行，其實日常生活中，我們經常都在和其他人協商。

你想要看電視，但你的朋友想要踢足球。你們沒有因此吵架，而是找到兩人都同意的解決方法。

你想向姊姊借腳踏車，而且希望她願意借你。為了達到目的，你會用某些東西跟她交換，或是為她做其他事情，像是幫她打掃房間。

創業家資訊

恭喜你！你已經成為一名……

具有商業技能的
——畢業生——

姓名：＿＿＿＿＿＿＿＿＿＿＿＿＿＿＿＿

這位實習生已經完成了

商業技能的課程。

創業家學院祝福你的事業成功。

祝你好運！

日期：＿＿＿＿＿＿＿＿＿＿＿＿

管理技能

管理者

創業家必須有能力**組織**或**管理**其他人與活動，如此一來，他們的企業才能順利運作。

管理者總是很忙碌！他們的工作是：

決定事情是否能做得更好。

確認每項活動所需的人員、材料與時間都沒問題。

確認進度。

溝通清楚，讓每個人知道應該做什麼事。

找出需要完成哪些工作。

建立工作團隊。

把工作細分成較小的任務。

處理問題。

支持團隊。

找出你的管理技能

如果你發現自己早就已經在使用管理技能了，你會不會很驚訝呢？請閱讀下列四項技能，回想一下你曾經使用過它們的經驗。你可以用左右兩側的構想來幫助你，並把答案寫在空白處。

技能一：找出需要完成的工作。

我使用過這個技能，當時……

技能二：把工作細分成較小的任務。

我使用過這個技能，當時……

構想

- 整理房間
- 規劃派對
- 做功課

技能三：溝通清楚，讓每個人知道應該做什麼事。

我使用過這個技能，當時……

構想

- 玩遊戲
- 團隊活動
- 決定晚餐要吃什麼

技能四：支持團隊。

我使用過這個技能，當時……

貼紙位置

寫下你曾在哪些時候使用這些管理技能，並把任務完成的貼紙貼在這裡。

任務完成

找出對的人

管理者必須為團隊**找到對的人**。他們會和想要加入團隊的人進行**面試**——利用面談來確認他們是不是最適合這份工作的人。

為了獲得需要的資訊，管理者必須向應徵者提出正確的面試問題，例如：

這個人適不適合？

- 你能描述一下你自己嗎？
- 你在休息時間會做什麼事？
- 我為什麼應該雇用你？

他們為什麼想要這份工作？

- 你為什麼來應徵這份工作？
- 你為什麼想要在這間公司工作？
- 你覺得你為什麼會喜歡這份工作？

他們有哪些技能？

- 你的優點是什麼？
- 你擁有什麼證書？
- 你有沒有上過任何訓練課程？

他們有過哪些工作經驗？

- 可以談談你之前做過哪些工作嗎？
- 你為什麼想要離開你現在的工作？
- 你在工作中有達成過哪些成就？

工作面試

請和朋友練習你的面試技巧。首先，詢問他們夢想中的工作是什麼。接著，從左頁的四個方框中選擇三個方框，再從每個方框中選出一個問題。把朋友的名字和夢想中的工作寫下來，並在下方空白處寫下你的面試問題。

姓名：

夢想中的工作：

面試問題一：

面試問題二：

面試問題三：

現在你可以開始面試了。請務必面帶微笑，保持友善和鼓勵的態度！人們在放鬆的時候會願意多說話，你也會因為傾聽他們說的話，更加瞭解這個人。

填寫完表格並完成面試，
請把任務完成的貼紙貼在這裡。

貼紙位置

任務完成

管理技能

建立團隊

人們在團隊合作時能達成更大的目標，所以，管理者在找到對的人之後，必須把這些人組成**致勝團隊**。

登山者想要登上山頂，必須運用相同的團隊合作技能。下面就來看一位優秀的管理者，如何為大家建立一個好的團隊。

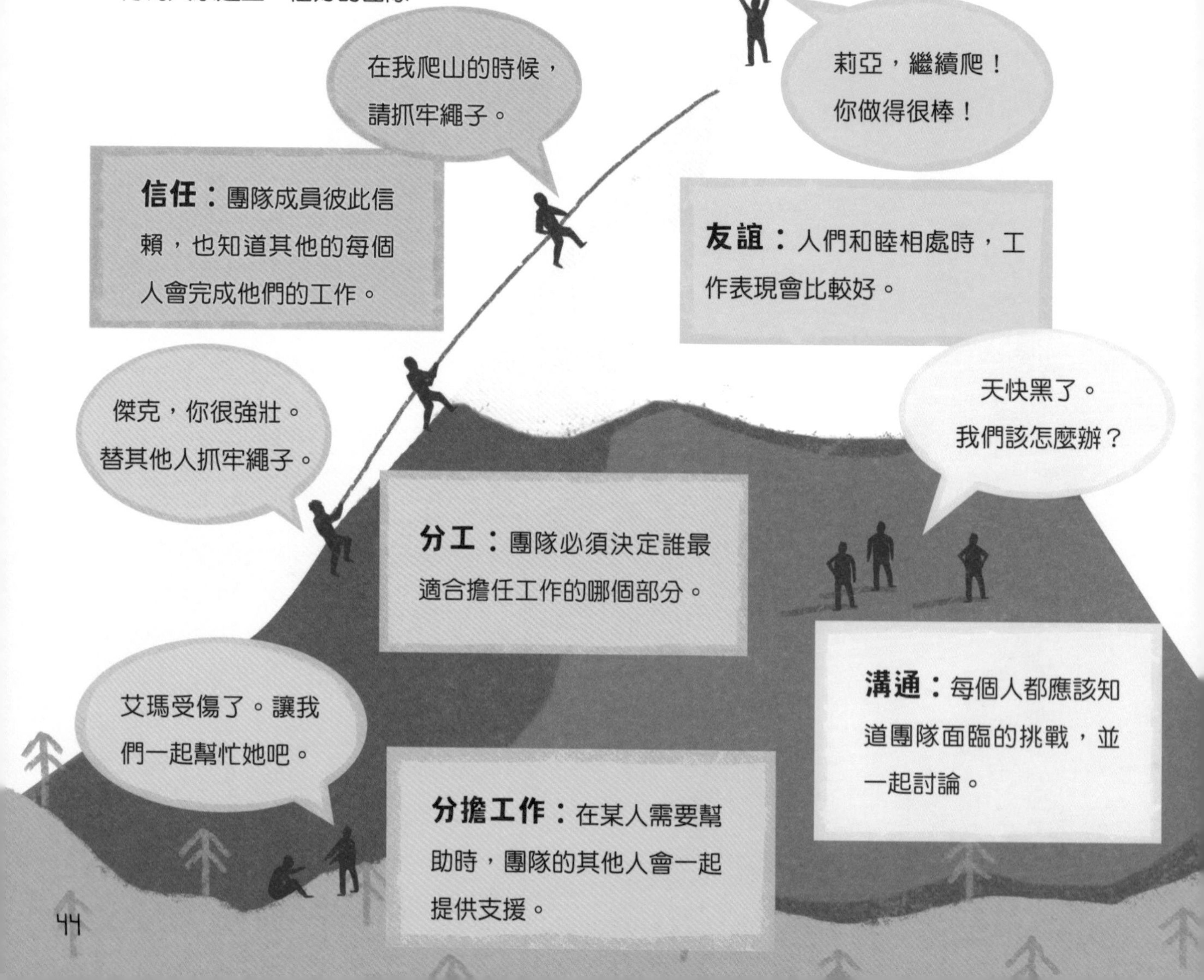

在我爬山的時候，請抓牢繩子。
莉亞，繼續爬！你做得很棒！
傑克，你很強壯。替其他人抓牢繩子。
天快黑了。我們該怎麼辦？
艾瑪受傷了。讓我們一起幫忙她吧。

信任：團隊成員彼此信賴，也知道其他的每個人會完成他們的工作。

友誼：人們和睦相處時，工作表現會比較好。

分工：團隊必須決定誰最適合擔任工作的哪個部分。

溝通：每個人都應該知道團隊面臨的挑戰，並一起討論。

分擔工作：在某人需要幫助時，團隊的其他人會一起提供支援。

團隊合作的挑戰

找兩個朋友和你共同執行這個有趣的挑戰，練習你的團隊建立技能。你們的目標是把氣球從起點運送到桶子裡。但在運送的過程中，你們不能用手、手臂或腳碰到氣球！

你需要準備：較大的室內或室外空間、1個桶子、1個標記物（例如1件衣服）、1個氣球、2個朋友。

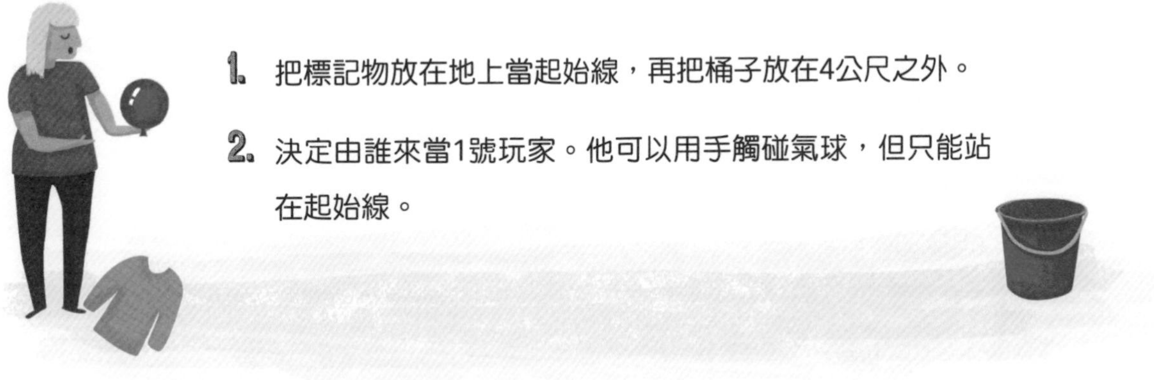

1. 把標記物放在地上當起始線，再把桶子放在4公尺之外。
2. 決定由誰來當1號玩家。他可以用手觸碰氣球，但只能站在起始線。

3. 討論2號玩家與3號玩家要用什麼方法一起運送氣球。在1號玩家的幫助下，盡可能穩住氣球的位置。
4. 小心的運送氣球，不要讓氣球掉到地上，最後讓氣球落進桶子裡。

請執行這個挑戰3次，如此一來3個玩家都可以輪流擔任到一次1號玩家。

貼紙位置

執行3次團隊合作的挑戰後，請把任務完成的貼紙貼在這裡。

任務完成

管理技能

使用同理心

優秀的管理者能給予團隊支持。如果團隊中有人感到沮喪、擔心或者在工作中犯錯，管理者會試著用**同理心**這個技巧來幫忙。「同理心」意味著瞭解其他人的感受。

下面有六個步驟，可以幫助你學習如何去體會他人的感受。

1. **傾聽：**給他人說話的時間。
2. **想像：**如果你也遭遇同樣狀況，你會有什麼感覺？
3. **行動：**展現出你很關心他們。
4. **思考：**你曾在什麼時候遇過類似的狀況？
5. **詢問：**主動問對方的感受。
6. **注意：**對方看起來是不是感到傷心、害怕或困惑？

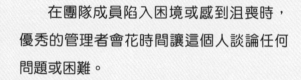

在團隊成員陷入困境或感到沮喪時，優秀的管理者會花時間讓這個人談論任何問題或困難。

培養同理心的步驟

在下面的四個狀況中，管理者可以使用同理心來瞭解每一個人的感受。你能辨別他們使用的是哪個步驟嗎？在空格中寫下你的答案，第一個答案已經寫好了。

凱特，你看起來很生氣。

1　注意

露西，別擔心。我也做過這種事很多次。

2

梅根，你現在感覺怎麼樣？

3

我能想像得出來你有多忙、壓力有多大。

4

更進一步！
下次你遇到朋友感到生氣或沮喪時，請使用同理心技能來幫助他們。

辨別上圖使用的四個同理心步驟後，請在下方核對你的答案，再把任務完成的貼紙貼在這裡。

貼紙位置

任務完成

答案：1. 注意；2. 思考；3. 詢問；4. 想像。

管理技能

設立目標

在創立新企業之前，創業家必須先為自己的企業設立清楚的**目標**，也必須為團隊中的每個成員設立較小的目標。

舉例來說，一間新餐廳的企業目標可能會是：

每天販賣全鎮裡最棒的餐點給一百位顧客

而團隊成員的較小目標可能會是：

主廚：每天烹飪新鮮又美味的食物

服務生：提供友善且有幫助的服務，顧客才會再次回來消費。

經理：思考吸引顧客的新方法。

像這樣將目標設立清楚，能讓你更容易確認目標的進度。如果發現無法順利運作的話，請做出改變。

工作項目配對

為了幫助餐廳團隊獲得成功，管理者把他們的目標切分成三個獨立的項目。你的任務是為各個成員配對正確的工作項目。

工作項目A：

- 保持禮貌與微笑。
- 不要讓顧客等待。
- 迅速清理髒盤子。

團隊成員：

在這裡寫下你的答案。

工作項目B：

- 只使用新鮮的原料，為菜單做變化。
- 確保食物烹飪正確，看起來美味可口。
- 檢查工作區域是乾淨的，食物也儲藏在安全的地方。

團隊成員：

工作項目C：

- 提供特價資訊與兒童菜單
- 請顧客回饋在餐廳的體驗
- 確保原料充足。

團隊成員：

貼紙位置

將餐廳的團隊成員與工作事項完成配對，請在下方核對你的答案，再把任務完成的貼紙貼在這裡。

任務完成

答案：工作項目一：服務生；工作項目二：主廚；工作項目三：經理。

管理技能

制訂計畫

創業家制訂**計畫**幫助企業成功。計畫包含他們在達成目標的過程中，必須完成的步驟。計畫可以幫助他們能夠有組織的進行工作，不會忘記任何事情。

其實在日常生活中，我們也經常使用計畫來達成各種目標。請檢視這張為上學日制訂的心智圖計畫：

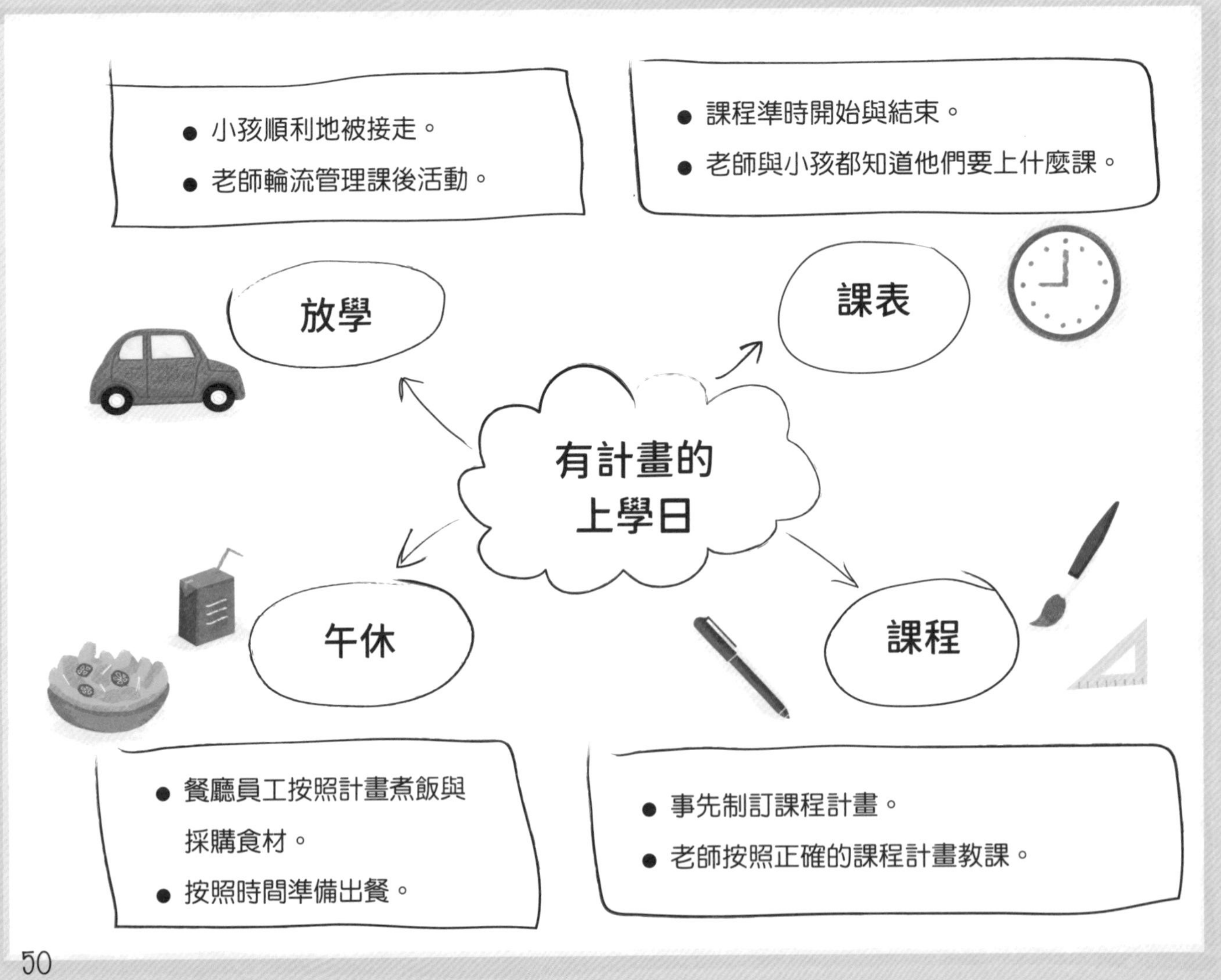

有計畫的上學日
放學
● 小孩順利地被接走。
● 老師輪流管理課後活動。
課表
● 課程準時開始與結束。
● 老師與小孩都知道他們要上什麼課。
午休
● 餐廳員工按照計畫煮飯與採購食材。
● 按照時間準備出餐。
課程
● 事先制訂課程計畫。
● 老師按照正確的課程計畫教課。

製作心智圖

你的目標是計畫你的下一次生日派對。請在下方空白處繪製**心智圖**計畫，看看你的計畫會把你帶到哪裡去。如果你的心智圖越來越大，甚至會超過這頁面的話，你可以試著多拿幾張白紙，不要遺漏任何你想寫的東西。

貼紙位置

當你完成生日派對的心智圖後，
請把任務完成的貼紙貼在這裡。

任務完成

保持樂觀

創業家必須保持**樂觀**和**積極進取**的態度。樂觀具有傳染力——如果你能展現出愉快又自信的態度，你的團隊也會如此！他們會更認真工作，也會享受工作。遇到問題時，也不容易感到洩氣。

以下是一些能幫助你成為樂觀管理者的點子：

- 傾聽團隊成員說話，對他們的構想保持興趣。
- 常說「謝謝你」——雖然人們為你工作，但這並不代表你可以把他們的付出視為理所當然。
- 用微笑和「做得好」的話語來鼓勵良好的工作表現。
- 享受工作，並確保你的團隊也是如此。能夠享受工作的人會表現得更好。

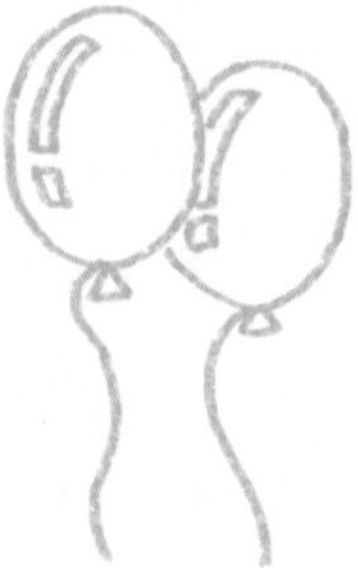

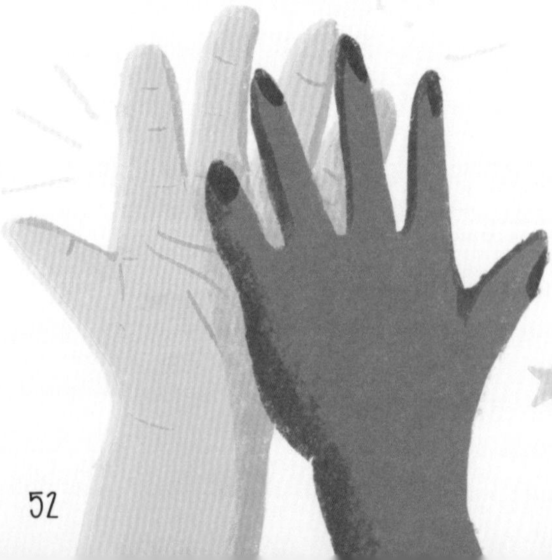

樂觀並不代表你可以忽視問題。事情出錯時，樂觀的管理者不會感到生氣或沮喪，而是會迅速解決問題。如此一來，問題才不會再次發生。

練習保持樂觀

經常練習樂觀的態度，就會變得越來越自然。從今天開始，請運用這個表格寫下這個星期你每天遇到最棒的事，以及你的感覺如何。

日期	最棒的事	你的感覺
周一	我看到雙彩虹！	很幸運

在這周結束後，你會發現其實隨時都有好事發生，就算是在糟糕的日子也一樣。所以保持熱情與開心的態度是可行的！

完成樂觀練習表後，
請把任務完成的貼紙貼在這裡。

貼紙位置

任務完成

管理技能

找出解決方法

創業家必須隨時做好準備，主動處理任何會影響到企業的事物。請閱讀下列常見的問題，以及解決問題的方法。

解決方法：隨時都要保留一些緊急備用品在儲藏室裡。
解決方法：利用這段時間打掃、處理文書工作或者改變商品的陳列方式。
解決方法：打電話給其他休假的團隊成員，詢問他們能不能來上班。如果可以的話，記得提供額外加班的薪水。
問題：外面下著大雨，所以沒有任何客人。
問題：送貨的卡車拋錨了，導致你沒有任何商品可以販賣。
問題：某個團隊成員生病了，沒辦法來上班。

解決問題

你能為這兩個問題找到解決方法嗎？其中一個問題比較困難！藏有陷阱喔。

問題一

一家新運動中心為9歲到12歲的孩子開設了一個有趣的課程。時間是每周三的早上10點到中午12點。但是經過了三個禮拜，一直都沒有小孩來報名上課！你覺得問題可能出在哪裡？要如何解決？

問題是：

____

____

解決方法是：

____

____

問題二

有兩個員工為了誰要搬運100公斤的石頭、誰要搬運100公斤的沙子而吵架。第一個員工認為「100公斤的石頭比100公斤的沙子重」，所以要他搬運石頭很不公平。你能解決這場爭吵嗎？

我解決爭吵的方法是：

____

____

____

____

貼紙位置

寫下了兩個問題的解決方法後，請核對下方的答案，再把任務完成的貼紙貼在這裡。

答案：問題一：開課時間所有小孩都在上學。解決方法：把開課時間改在放學後或周末。
問題二：向他們解釋100公斤的石頭和100公斤的沙子一樣重。

任務完成

如何成功

創業家創立企業之後，並不能放鬆。他們必須思考各種方法來改善他們的企業，或是他們也可能進一步再創立其他全新的企業。

他們的做法：

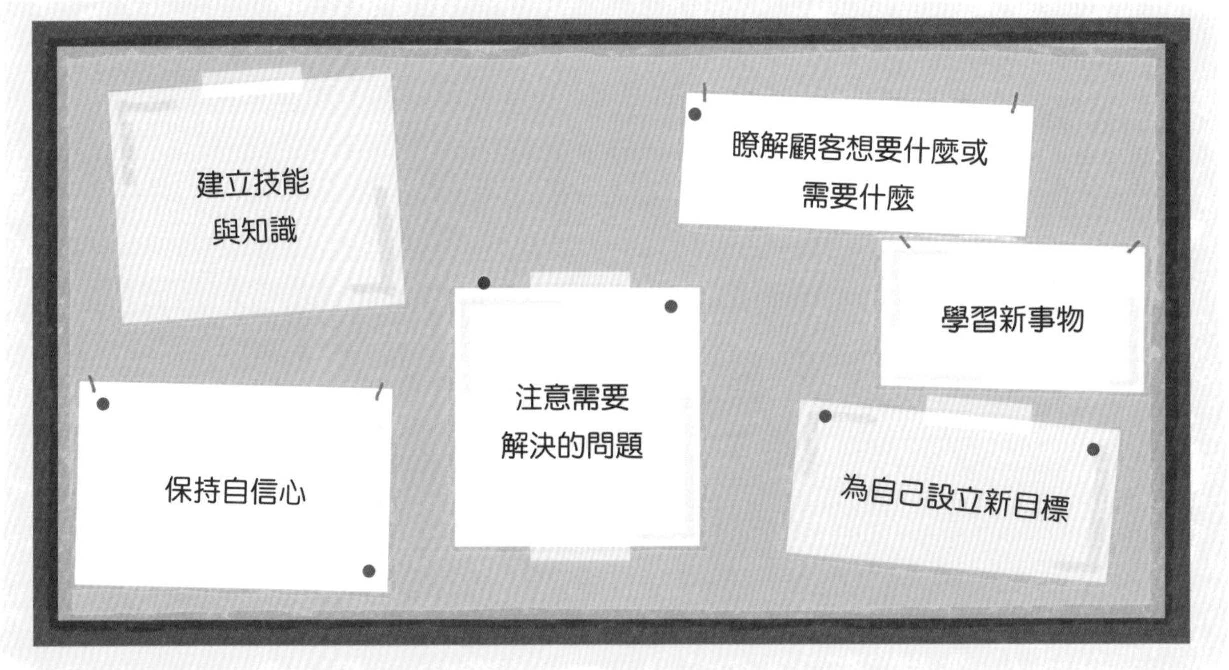

回饋社會

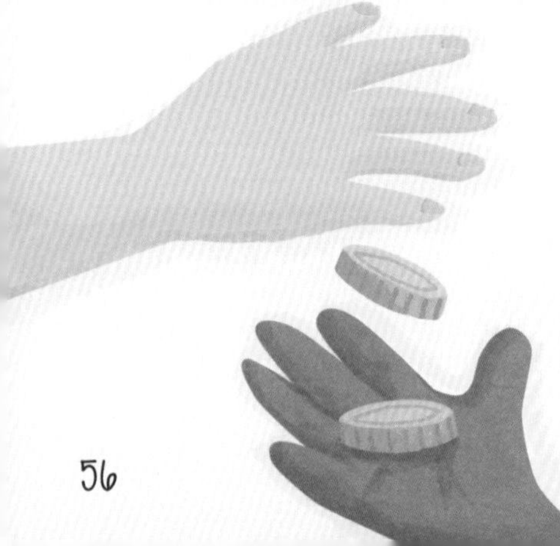

成功的創業家可以賺到很多錢！許多創業家不會把錢全部自己留下來，他們樂於把錢捐給慈善機構，或是支持他們認同的公益活動。他們也會鼓勵員工一起回饋社會——例如參加社區計畫、贊助募款活動，或在工作之餘擔任慈善志工。

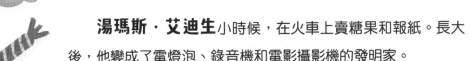

很多知名的創業家，都是從小規模的企業開始。

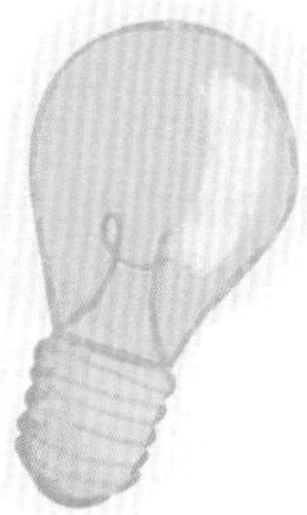

湯瑪斯．艾迪生小時候，在火車上賣糖果和報紙。長大後，他變成了電燈泡、錄音機和電影攝影機的發明家。

華特．迪士尼從小在農場長大，喜歡畫動物。他創立了卡通工作室，在1928年創造迪士尼的第一個角色：米老鼠。現在迪士尼的電影和主題公園已經享譽全球。

沃克夫人注意到黑人對頭髮與美妝產品的需求，所以她用自製配方來製作產品。她的產品非常受歡迎，後來她建立企業，還開創了美髮訓練學校。

蘋果公司的共同創辦人**史帝夫．賈伯斯**在學校常常覺得無聊，但他熱愛電子學。21歲時，他在自家車庫創立了著名的電腦公司。

JK羅琳是作家、編劇與創作者，她用空閒時間寫下了她的第一本書《哈利波特》。前面11家出版社都拒絕了她的創作構想，直到第12家出版社才願意出版！

創業家資訊

開始行動

現在你已經可以把這些訓練付諸行動了，下面這些構想可以提供給家庭、學校或鄰近的企業，為公益活動或慈善單位來募得資金。你可以獨自創業，也可以找朋友一起進行。請一定要找一位大人來協助你的團隊。

服務

確認你的鄰居有沒有這些需求：

- 溜狗
- 包裝禮物
- 餵寵物
- 臉部彩繪
- 洗車

製作與銷售

製作一些有趣的產品，在學校的園遊會銷售。

- 泡澡球
- 賀卡
- 餅乾和蛋糕
- 酷炫的手環

種植與銷售

栽培小包裝的種子來創造利潤。

- 蔬菜
- 香草
- 花朵

表演時間

上臺表演吧！設計門票與海報。

- 魔術表演
- 藝術展覽
- 戲劇
- 寵物表演
- 才藝表演

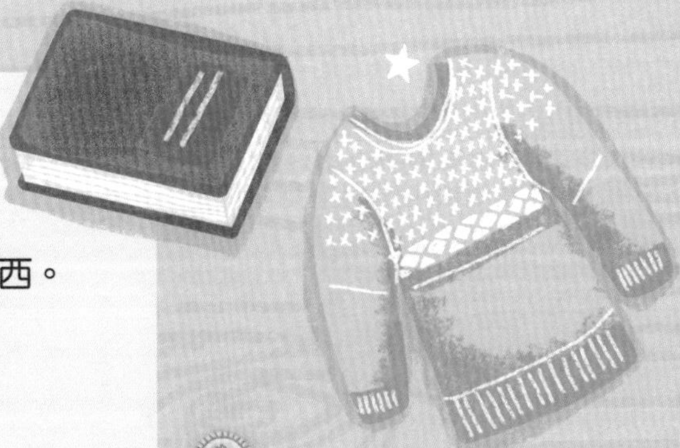

蒐集與銷售

舉辦二手市集，請家人和朋友提供已經用不到的東西。

- 衣服與鞋子
- 玩具、書籍和遊戲

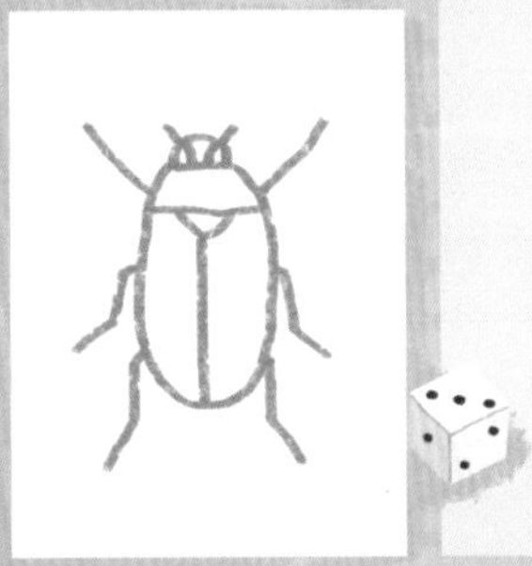

募款會

在學校或社區舉辦募款活動。

- 拼裝甲蟲
- 化裝舞會
- 運動挑戰
- 彩繪牆壁

更多構想

請一位大人陪同，一起瀏覽下列網站，找到更多傑出構想：

http://www.better-fundraising-ideas.com/fundraising-ideas-for-kids.html

https://www.groundwork.org.uk/school-a-z

https://www.punchbowl.com/p/fundraising-ideas-for-kids

恭喜你！你已經成為一名……

具有管理技能的
—— 畢業生 ——

姓名：

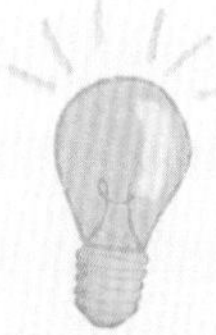

這位實習生已經完成了

管理技能的課程。

創業家學院祝福你的事業成功。

祝你好運！

日期：

做得好！

你已經成功完成所有任務，也學習創業家的所有課程。

現在，你可以從創業家學院畢業了。

作為畢業典禮的一部分，你必須仔細閱讀下列的創業家守則，並保證你會遵守。

只要你能確實做到，就能獲得最後的結業證書了。

1. 我會成為一名有創意的思想家，也會隨時留意新構想。
2. 我會注意他人的需要並解決問題，使人們的生活變得更好。
3. 我會努力工作，創造人們想要購買的產品與服務。
4. 我會支持與鼓勵為我工作的團隊。
5. 我會隨時尊重我的顧客。
6. 我知道回饋社會與幫助他人的重要性。
7. 我會支持新創業家的企業，
並遵守創業家守則。

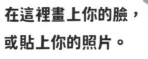

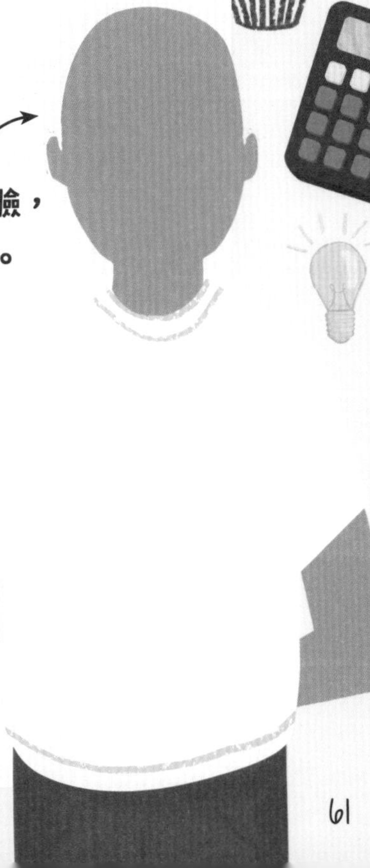

在這裡畫上你的臉，
或貼上你的照片。

簽名：

創業家的市場體驗

- 拉頁遊戲、已裁切遊戲卡、遊戲棋子和骰子
- 海報：創業家的成功步驟
- 貼紙
  - (1) 創業家任務貼紙（使用於完成每一章節任務的貼紙位置）
  - (2) 裝飾貼紙（可自由使用）

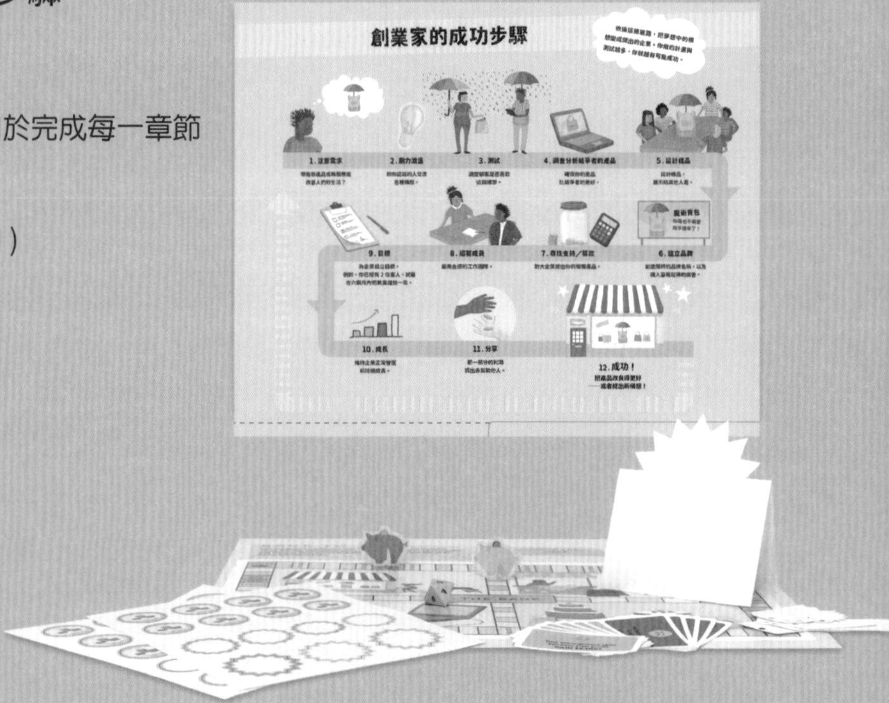

「衝到銀行」遊戲教學

適合2位玩家的遊戲。

你在創立新企業時，必須花費30,000元。你的目標是至少要賺到600,000元，而且要比另一位玩家更快。在遊戲過程中，你必須隨時記錄你擁有多少錢（一開始，你記錄上的錢是負數「–30,000」，你必須先把這些錢賺回來。）

輪流丟骰子，並在遊戲板上前進。只要你停在寫了金額的方格中，你就可以獲得方格中的金額。如果你停留在機會卡的方格中，你就必須抽一張卡，並按照卡上的指示賺錢或賠錢。一旦你蒐集到了600,000元以上的錢，你就可以「衝到銀行」。第一個抵達銀行的玩家就是贏家。

作者 史蒂夫・馬丁（Steve Martin）

曾擔任英語老師，也是許多不同主題童書的作者，包括《男孩的書本冒險》（The Boys’ Book of Adventure）、《數字王國》（Numberland）與長春藤童書（Ivy Kids）出版的《太空人學院》（Astronaut Academy）。

繪者 梅西・羅伯森（Maisie Robertson）

來自英國薩默塞特（Somerset）的繪者與平面設計師。她的作品中混合各種鮮豔的色彩與不同的繪圖風格，主題往往不同尋常。

譯者 聞翊均

臺南人，熱愛文字、動物、電影、紙本書籍。現為自由譯者，擅長文學、運動健身、科普翻譯。翻譯過《叢林奇談》、《開膛手傑克刀下的五個女人》、《狼王羅伯》、《黑色優勢》、《蘋果山丘上的貝絲》等作品。

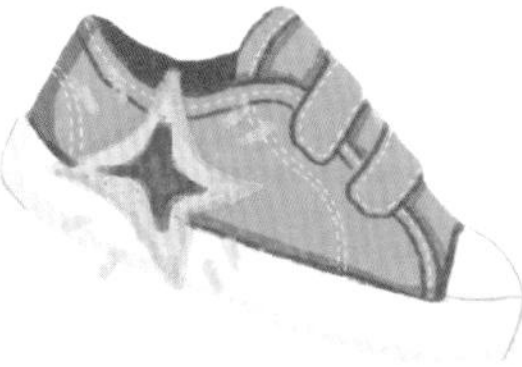

知識館025

我10歲，學創業【小學生未來志願系列】

知識館

Entrepreneur Academy

作者	史帝夫・馬丁
繪者	梅西・羅伯森
譯者	聞翊均
專業審訂	江季芸（台大國際企業博士）
語文審訂	陳資翰（臺北市立大學歷史與地理學系）
責任編輯	陳彩蘋
封面設計	張天薪
內文排版	李京蓉
童書行銷	張惠屏・侯宜廷・林佩琪・張怡潔
出版發行	采實文化事業股份有限公司
業務發行	張世明・林踏欣・林坤蓉・王貞玉
國際版權	施維真・劉靜茹
印務採購	曾玉霞
會計行政	許俽瑀・李韶婉・張婕莛
法律顧問	第一國際法律事務所　余淑杏律師
電子信箱	acme@acmebook.com.tw
采實官網	www.acmebook.com.tw
采實臉書	www.facebook.com/acmebook01
采實童書粉絲團	https://www.facebook.com/acmestory/
ISBN	978-626-349-607-1　(平裝)
定價	360元
初版一刷	2024年4月
劃撥帳號	50148859
劃撥戶名	采實文化事業股份有限公司
	104 台北市中山區南京東路二段 95號 9樓
	電話：02-2511-9798　傳真：02-2571-3298

國家圖書館出版品預行編目(CIP)資料

我10歲,學創業/史帝夫.馬丁(Steve Martin)；梅西.羅伯森(Maisie Robertson)圖；聞翊均譯. -- 初版. -- 臺北市：采實文化事業股份有限公司, 2024.04
64面；20×24公分. -- (知識館；25)(小學生未來志願系列)
譯自：Entrepreneur academy
ISBN 978-626-349-607-1(平裝)
1.CST: 創業 2.CST: 企業經營 3.CST: 通俗作品
494.1　113002162

線上讀者回函

立即掃描 QR Code 或輸入下方網址，連結采實文化線上讀者回函，未來會不定期寄送書訊、活動消息，並有機會免費參加抽獎活動。

https://bit.ly/37oKZEa

任務完成
貼紙

裝飾
貼紙

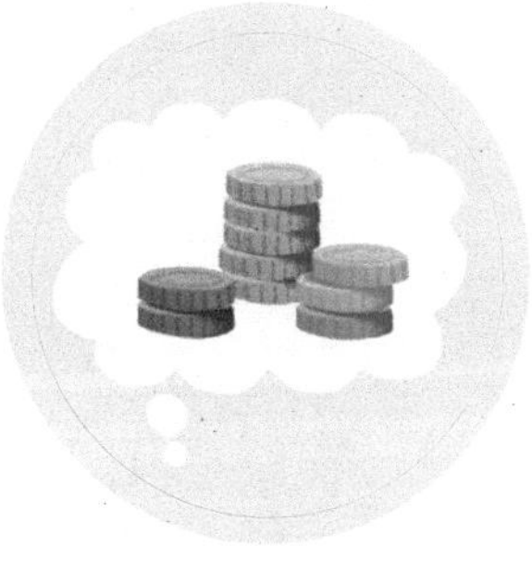
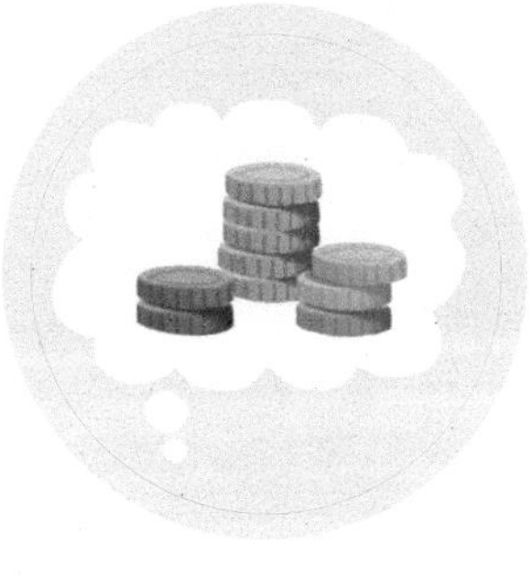
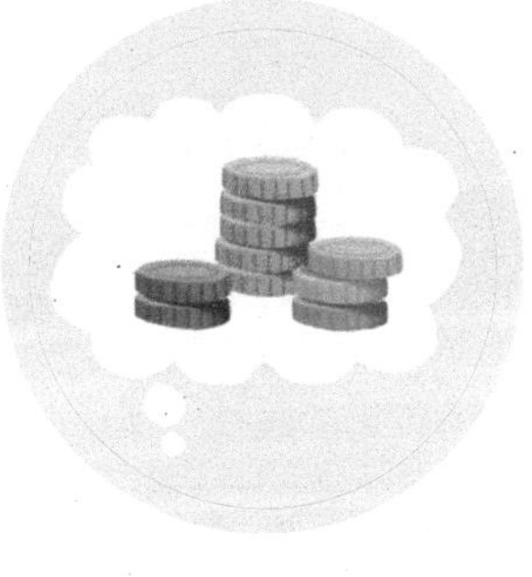
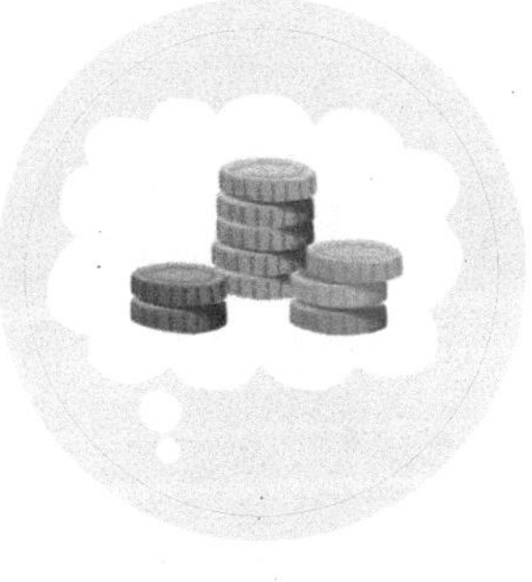
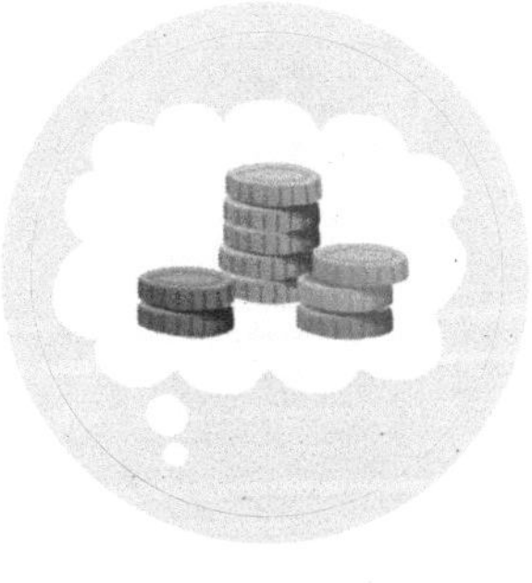
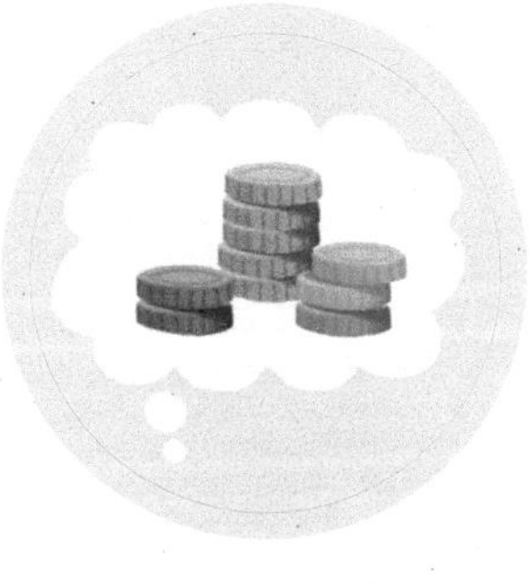
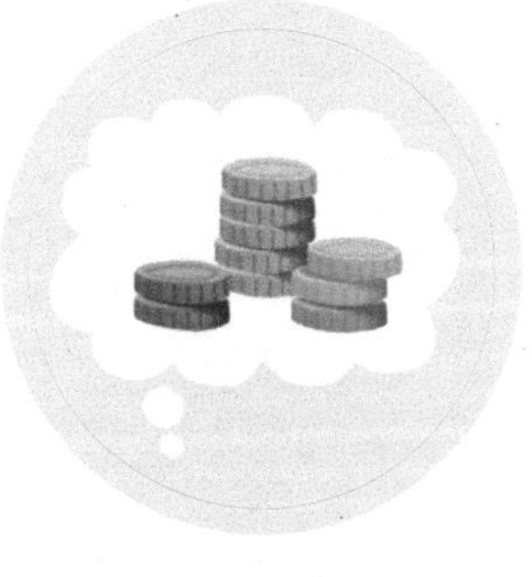
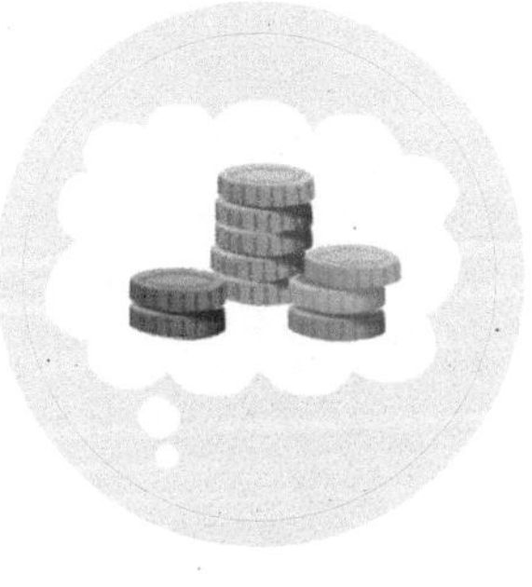
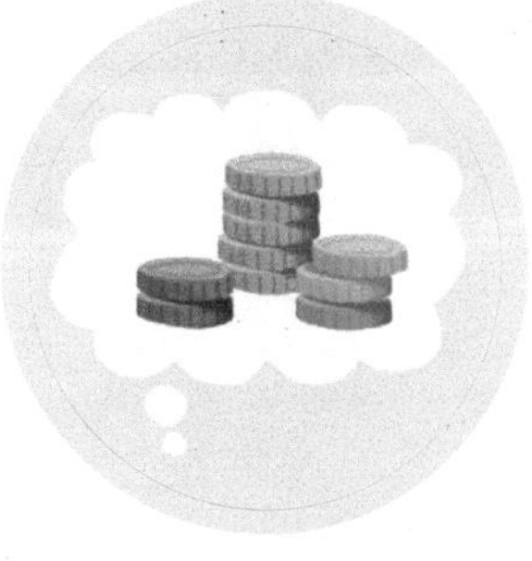
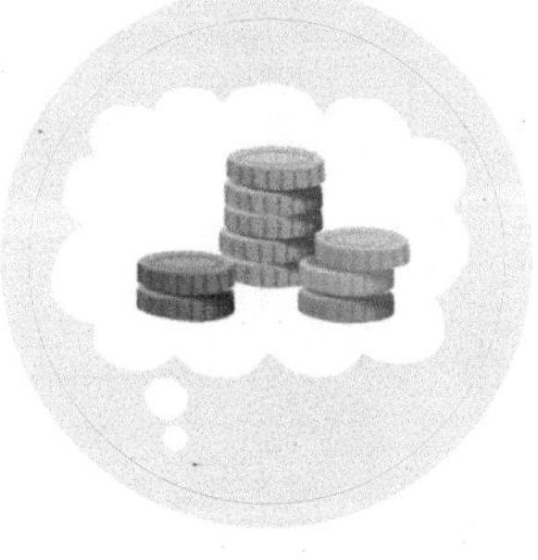
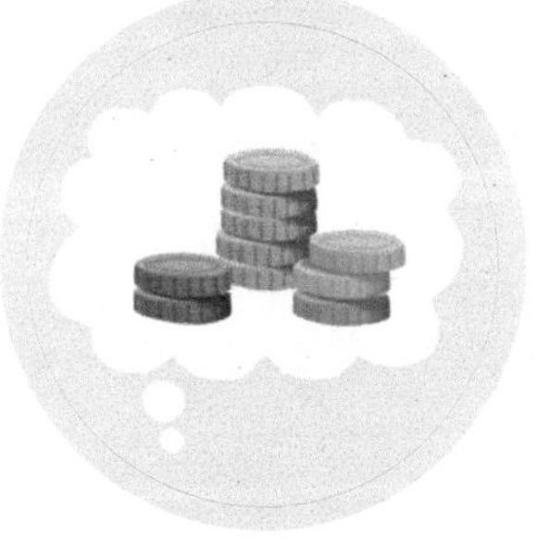
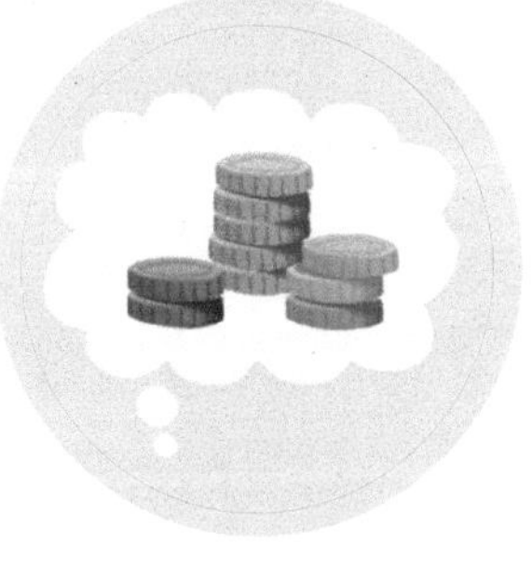
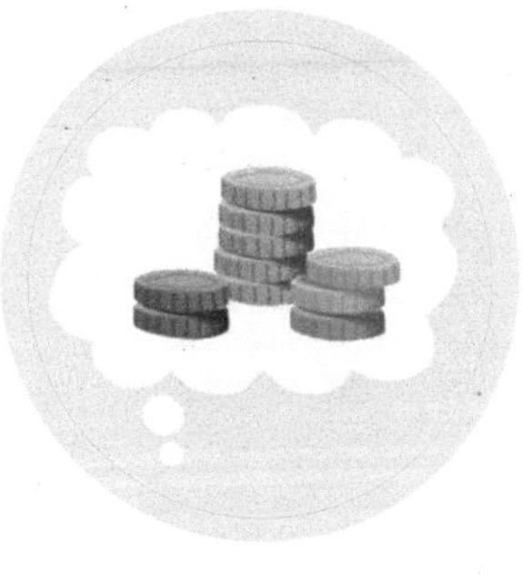
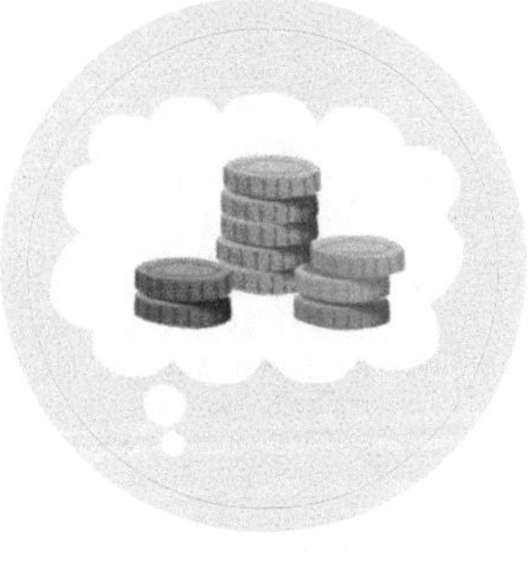
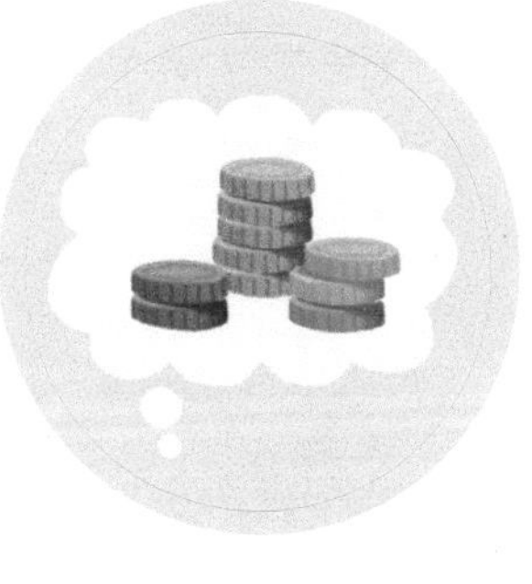

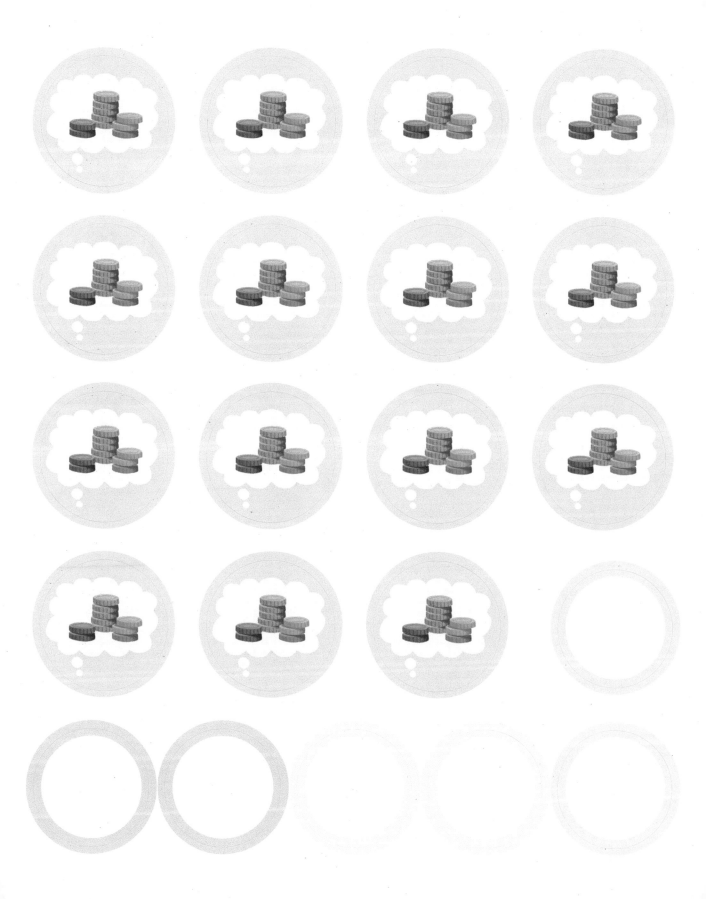

「衝到銀行遊戲」的棋子

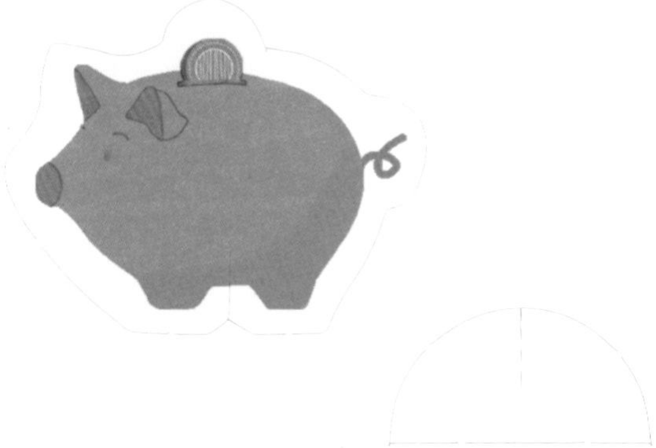

骰子

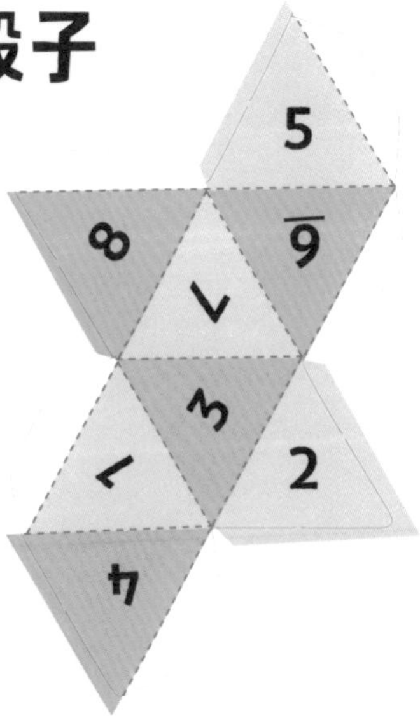

機會卡

你的管理技能為你增加利潤

獲利 60,000 元

你的產品改良十分成功

獲利 90,000 元

下了一整天的雨，沒有顧客光臨

損失 30,000 元

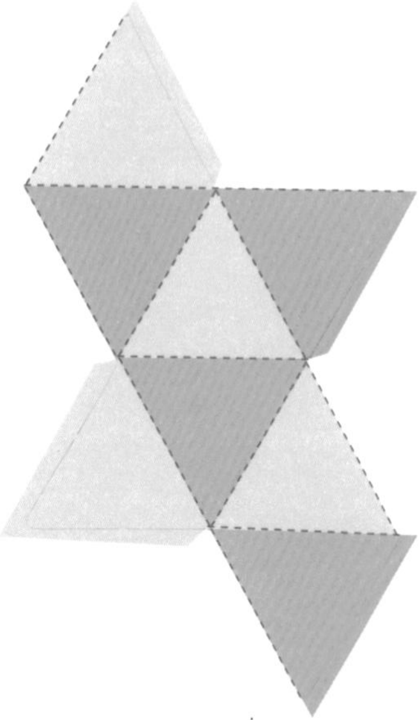

機會卡

機會卡

機會卡

你贏得了「全鎮最佳新企業獎」

獲利 30,000 元

你的產品出現在雜誌的文章上

獲利 30,000 元

一位名人使用你的其中一項產品

獲利 60,000 元

線上購物的銷售量上升

獲利 60,000 元

你的企業夥伴想要離職

損失 60,000 元

你的設備故障，必須花錢維修

損失 90,000 元

銀行變更了你的貸款條件

損失 30,000 元

你發明了一項新產品，
但是賣不出去

損失 30,000 元

機會卡

機會卡

機會卡

機會卡

機會卡

機會卡

機會卡

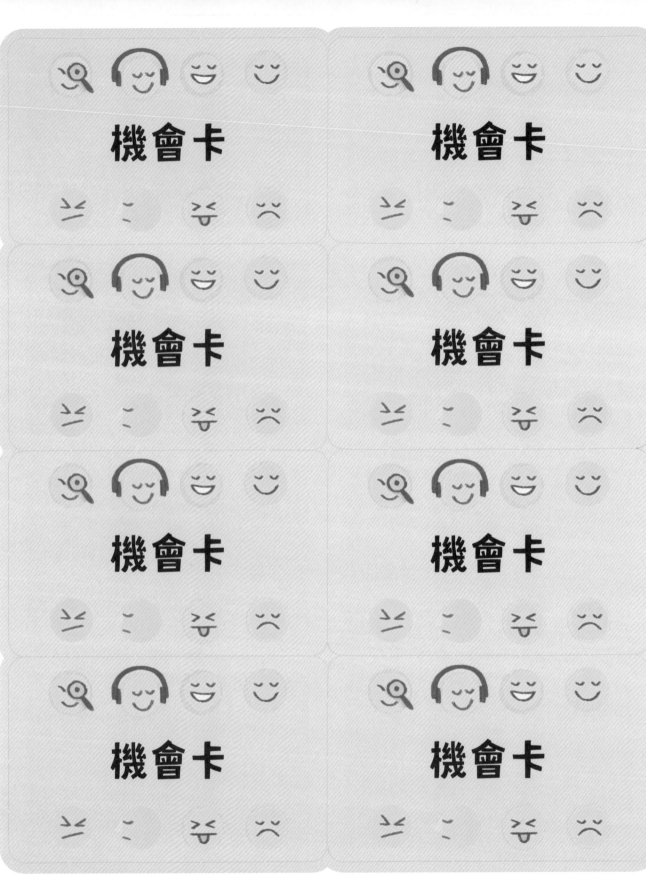

機會卡